Jochen Blöcher

Mit neuem Mut gegen German Angst

Jochen Blöcher

Mit neuem Mut gegen German Angst

Ein Plädoyer für engagiertes Leadership

Frankfurter Allgemeine Buch

Frankfurter
Allgemeine
Buch

Frankfurter Allgemeine Buch
Pariser Straße 1
60486 Frankfurt am Main

Umschlag: Nina Hegemann
Umschlagabbildung: ©AdobeStock/bmf-foto.de
Satz: Anabell Krebs
Druck: CPI books GmbH, Leck
Printed in Germany

1. Auflage
Frankfurt am Main 2024
ISBN: 978-3-96251-179-1

Frankfurter Allgemeine Buch hat sich zu einer nachhaltigen Buchproduktion verpflichtet und erwirbt gemeinsam mit den Lieferanten Emissionsminderungszertifikate zur Kompensation des CO_2-Ausstoßes.

Inhalt

Vorwort

Wir leben in Angst verursachenden Zeiten, die Nachrichten sind voll davon: Krieg in Europa, Radikalismus, politischer und religiöser Fanatismus, Klimawandel, Artensterben, staatliche Überschuldung, demografischer Wandel und Fachkräftemangel sind nur einige Stichpunkte.

Und nun? Ist jetzt die Zeit für das Ende, den Weltuntergang gekommen? Seit dem russischen Überfall auf die Ukraine im Februar 2022 und der Coronapandemie kommen wir nicht mehr zur Ruhe, eine Schocknachricht jagt die nächste. Wir erleben Zeitenwenden (ja, Sie haben den Plural richtig gelesen) in den unterschiedlichsten Bereichen; nicht nur in der Politik, sondern auch in Form von grundlegenden technischen Innovationen, die unser Leben direkt beeinflussen. Künstliche Intelligenz, Digitalisierung, Kryptowährungen, Blockchain und eine neue Form der Globalisierung verändern unser Arbeiten und privates Leben. Es passiert so viel gleichzeitig und keiner kann heute vorhersehen, wie diese Entwicklungen weitergehen werden, wie unser Leben in zehn oder zwanzig Jahren aussehen wird.

Ein Ergebnis dieser multiplen Umbrüche ist, dass viele alte Gewissheiten und Erfahrungswerte nicht länger zutreffend sind. Für viele Menschen entsteht dadurch eine Furcht einflößende Orientierungslosigkeit, die in ihrer Konsequenz auch Raum bzw. Sehnsüchte für vermeintlich einfache, populistische Antworten schafft. Doch diese Antworten sind rückwärtsgerichtet und es gibt keine Hinweise, dass jemals die Zukunft mit den Rezepten von gestern erfolgreich gestaltet wurde.

Sicher ist, dass sich neue Erkenntnisse und Wahrheiten bzw. Antworten etablieren, nur kennen wir sie noch nicht. Das Resultat daraus ist allerdings offensichtlich: Die Welt befindet sich im Krisenmodus und diese Dauerbelastung nimmt uns den Mut. Unsicherheit und Orientierungslosigkeit werden zum Treibstoff der Angst und von diesem giftigen Gebräu haben wir zurzeit zu viel, leider.

Ist heute also alles anders? Sind solche Entwicklungen etwas völlig Neues? Ich denke nein. Ein Beispiel: Ich erinnere nur an die bewegten Zeiten des NATO-Doppelbeschlusses in den späten 1970er- und frühen

1980er-Jahren, als eine ganze Generation vor dem nuklearen Armageddon zitterte, als Hunderttausende im Bonner Hofgarten demonstrierten und Friedensdemonstranten 1983 eine mehr als 100 Kilometer lange Menschenschlange von Mutlangen bis nach Stuttgart bildeten. Damals mussten Entscheider Mut, Vision und Ausdauerqualitäten beweisen, um Wege aus dem Dilemma des damaligen Wettrüstens zwischen Ost und West zu finden.

Diese Wege wurden gefunden und am Ende stand nur sieben Jahre später der Fall der Berliner Mauer, die deutsche Wiedervereinigung, der Zusammenbruch der Sowjetunion, das Ende des Warschauer Paktes und eine neue politische, soziale und wirtschaftliche Ordnung in Europa. Heute sind beispielsweise Estland, Lettland und Litauen, ehemalige Provinzen der Sowjetunion, als souveräne Staaten Mitglieder in der EU und in der NATO. Hätte man dies 1983 behauptet, dann wäre man für verrückt erklärt worden. Das 1983 Undenkbare wurde 1990 Realität.

Warum nutze ich dieses Beispiel? Weil es zeigt, dass Zeiten tektonischer Umbrüche und grundsätzlicher Neuausrichtungen an sich nichts Ungewöhnliches sind, weil wir diese Situationen in der Vergangenheit erleben mussten und gemeistert haben, weil der Umgang mit Angst Teil der menschlichen Erfahrung ist und weil uns jetzt ein geschichtlicher Auftrag zur Gestaltung der Zeitenwenden ruft. Leider ist dieser Ruf unbequem, denn er fordert uns heraus. Er zwingt uns, unsere so lieb gewonnene Komfortzone nach Jahren der Bequemlichkeit und des „Weiter so" zu verlassen.

Und darin besteht meiner Meinung nach die große Herausforderung: Können – und noch viel wichtiger wollen – wir die mit den multiplen Zeitenwenden verbundenen Herausforderungen annehmen oder sehnen wir uns zurück nach einer idealisierten Welt von gestern, die es so nie gab?

Konkret gefragt: Sind wir willens, diese Umbrüche als Realität anzunehmen und etwas zu ihrer Lösung zu unternehmen? Oder vereinfacht gefragt: Gestalten wir unser Schicksal oder gestaltet das Schicksal uns?

Die nächsten Jahre werden voller Wendepunkte sein. Wir müssen Entscheidungen von großer Tragweite und Langfristigkeit treffen. Was wir heute entscheiden, wird Auswirkungen auf die nächsten Generationen haben.

Hier kommt der unternehmerische Geist, der Spirit des Tuns, des Umsetzens ins Spiel. Es gilt, Krisen nicht nur als Probleme zu verstehen, sondern vor allem als Chancen für eine bessere, nachhaltigere, lebenswertere Zukunft zu nutzen. Unsere Erde wurde uns nur geliehen, deshalb sollten wir als kluge, langfristig denkende und agierende Sachverwalter agieren, die einen besseren Planeten an unsere Kinder und Enkel weitergeben.

Unternehmertum, Wagen und Wägen, aktives Handeln: So heißen die heute gefragten Qualitäten. Wir müssen den Mut zur Zukunftsgestaltung und die Ausdauer zu ihrer Umsetzung in uns finden. Wie soll das gehen? Viele wertvolle Hinweise finden Sie in diesem Buch.

Viel Spaß beim Lesen und vor allem beim Tun wünscht Ihnen

Ihr

Walter Kohl

Einleitung

Liebe Leserinnen und Leser,

warum schreibe ich dieses Buch und warum jetzt? Wie Walter Kohl es bereits beschrieben hat: Es ist eine Zeit, die Angst macht – die Ereignisse sind beängstigend und die Zukunft scheint nicht planbar.

Im Laufe der Jahre ist mir immer bewusster geworden, welche Macht diese Angst gerade bei uns erlangt. Während der Beschäftigung mit den Ursachen bin ich auf den bei vielen Beispielen zutreffenden und während der Zeit der Entstehung dieses Buches auch immer präsenter werdenden Begriff der „German Angst" gestoßen. Und es stimmt: Der Umgang mit Angst – vor allem bei Unternehmern und Führungskräften – ist typisch für die German Angst.

Der Begriff German Angst soll in diesem Buch keine Klischees bedienen. Er steht im Folgenden vielmehr als Synonym für den verbreiteten Status quo eines zögerlichen Unternehmertums und angstvollen Führungsverhaltens und richtet sich an Unternehmer, Geschäftsführer und Führungskräfte.

Die Journalistin und Autorin Sabine Bode definiert German Angst wie folgt: „Unter German Angst verstehen wir eine Mischung aus Mutlosigkeit und Zögerlichkeit, gepaart mit Zukunftsängsten und einem extremen Sicherheitsbedürfnis."[1]

Dabei beobachten wir eine zunehmende Depression unserer Gesellschaft und Wirtschaft. Ich habe in zahlreichen Gesprächen beobachtet, dass sich deren Inhalt immer seltener um gute und positive Aspekte gedreht hat – vielmehr waren es immer negative Entwicklungen, schlechte Situationen und Resignation. Die Menschen fühlen sich offenbar „wohl", gemeinsam über Negatives zu sprechen und im Jammertal zu spazieren. Dabei wird oft aus einer objektiv betrachteten Banalität der Weltuntergang.

Ich bin ein lebensfroher Mensch. Diese permanente Betonung der negativen Aspekte liegt mir nicht – ich sehe in einer schlechten Situation gern die positiven Aspekte, mache gern Fehler, um mich weiterzuentwickeln, und betrachte die dunkle Wolke am Himmel als Bestätigung und Kontrast zum schönen Wetter. Wie könnten wir Sonnenschein genießen, wenn es nicht auch mal regnen würde? Dass sich unsere gesamte Gesellschaft aber in den letzten Jahren so extrem an das Negative klammert, beunruhigt mich zutiefst. Die Auswirkungen auf nachwachsende Generationen sind verheerend: Was wird aus unseren Kindern, wenn sie in einer Gesellschaft voller Angst und Unsicherheit aufwachsen? Wie kann diese Generation für eine sichere Zukunft ihrer eigenen Kinder sorgen?

Mir selbst sind meine Familie und die Kinder sowie ein achtsames Miteinander, auch im beruflichen Umfeld, sehr wichtig. Wertschätzung und Übernahme von Verantwortung bilden für mich die Grundlagen dieses Miteinanders. Dafür investiere ich Energie, Zeit und Geld, so bin ich für andere erlebbar – als Chef und im privaten Umfeld. Mir ist es wichtig, aktiv daran zu arbeiten, dass unsere Welt auch noch für nachfolgende Generationen besteht – in jedweder Hinsicht.

Als Unternehmer und Führungskräfte haben wir eine besondere Verantwortung und Chance: Wir können Einfluss nehmen – besser: Wir nehmen Einfluss, auch unbewusst. Wir stehen im Fokus und sind Vorbild: für unsere Familie, für unsere Freunde und vor allem für unsere Mitarbeitenden.

Dieser Verantwortung müssen wir uns bewusst werden und mit gutem Beispiel vorangehen. Die Menschen um uns herum suchen mutige Vorbilder. Menschen, die auch in schwierigen Zeiten Ruhe bewahren und einen Ausweg aufzeigen, die Sicherheit geben und Mut machen. Wie ein Kapitän auf einem Schiff im aufziehenden Sturm: mit Ruhe, Erfahrung und einem guten Bauchgefühl.

Dieses Buch will Ihnen zeigen, wo uns die German Angst fest im Griff hat, was dies für uns und die Menschen um uns herum bedeutet, und will Wege aufzeigen, die Angst zu überwinden. Das Ziel ist es, die German Angst in German Mut umzuwandeln. Ändern wir uns selbst und gehen mutig voran, werden die Menschen um uns herum ebenfalls mutiger und positiver. Wandel ist in gewisser Weise „ansteckend“.

Fragen Sie Ihre Kinder auch ab und an, wie es in der Schule war? Mit den oft gleichen, eher niedergeschlagenen oder einsilbigen Antworten? Versuchen Sie es doch einmal anders: Setzen Sie sich abends 15 Minuten zusammen und berichten Sie reihum: „Was habe ich heute Schönes erlebt und wie habe ich mich dabei gefühlt?" Ich war selbst erschrocken, als ich damit begonnen habe, wie sehr wir auf negative Erlebnisse fokussiert waren – auch unsere Kinder. Aber schon nach kurzer Zeit zeigt sich die Wirkung, die Augen der Kinder leuchten, weil sie so viele wunderschöne Dinge erlebt haben und diese erzählen können. Und auch wir Erwachsene werden uns wieder bewusst, dass auch ein vermeintlich schlechter Tag viele schöne Erlebnisse birgt.

Ich möchte eine positive Gesellschaft für meine Kinder und Enkel. Sie sollen aufwachsen und leben in einer von Sicherheit und Perspektiven geprägten Welt – der wichtigste Schritt zu dieser Veränderung liegt in der Änderung des eigenen Denkens und Verhaltens. Ich hoffe und wünsche mir, dass Ihnen dieses Buch einen Anreiz und Hilfestellung dafür gibt.

Ich bin weder Politiker, Psychologe, Soziologe noch Historiker. Ich bin Unternehmer und durch meinen Beruf viel unterwegs. Unsere HSE-Management-Lösung eplas vertreiben wir in der DACH-Region und dem EU-Ausland. Dabei habe ich intensiven Kontakt zu Unternehmensleitungen und den unterschiedlichen Führungsebenen aller Unternehmensgrößen und -branchen, bis hin zu den großen Industrieunternehmen, Automobilherstellern, Handelsunternehmen, Behörden usw.

Aus diesem Kontext und für die Zielgruppe der Menschen mit Führungsverantwortung ist dieses Buch geschrieben – aus der Praxis für die Praxis. Die ersten Kapitel zeigen die Probleme und Herausforderungen auf – manche Erkenntnis schmerzt vielleicht. Ich versuche die Hintergründe zu beleuchten und zu erklären, bevor ich Ihnen ab Kapitel 4 mögliche Lösungen anbiete – oft Erkenntnisse aus eigenen Erfahrungen und mit praktischen Beispielen. Zudem bin ich der Überzeugung, dass das Rad nicht zweimal erfunden werden muss. Aus der Vielzahl der zu diesem Thema hilfreichen Veröffentlichungen habe ich teils zitiert oder darauf verwiesen – viele der Quellen lohnen sich, wenn Sie sich intensiver mit dem jeweiligen Thema beschäftigen möchten.

Ich danke Walter Kohl für die inspirierenden Gedanken und Gespräche und allen anderen, die mich zum Schreiben dieses Buches motiviert und bei der Umsetzung unterstützt haben.

Ein großer Dank geht an meine Eltern, die mir mit liebevoller Strenge und Konsequenz meinen Weg ermöglicht haben. Besonders von meinem Vater konnte ich viel über Unternehmertum lernen, auch aus den Gesprächen und Erinnerungen an meinen verstorbenen Großvater.

Ein besonderer Dank gilt meiner lieben Frau Sabrina und meinen Kindern Wiebke, Jonne und Bjarne für ihre Unterstützung und Verständnis für meinen Wunsch zu diesem Projekt.

Ich wünsche meinen Kindern, dass sie zu starken Persönlichkeiten heranwachsen und keine Angst vor der Zukunft haben, sondern mutig ihren Weg gehen!

Viel Freude beim Lesen wünscht
Ihr Jochen Blöcher

PS: Folgendes gekürztes „Märchen" soll Ihnen den Einstieg in mein Buch bereiten.

In seinem Märchen „Typisch deutsch!" erzählt Jürgen Fuchs von den Deutschen des 21. Jahrhunderts. Sie fühlten sich als Raupen, fett und hässlich, stöhnten über Steuern, Abgaben und Bürokratie – litten aber auf hohem Niveau. Vor lauter Angst verschlossen sich alle in einen eigenen engen, aber bequemen Kokon aus Bürokratie und Sicherheitsvorschriften – und gemeinsam in einen Riesenkokon –, abgeschottet vor der bösen Welt draußen und zur Bewegungslosigkeit gezwungen. Das Klagen und Jammern wurde immer lauter.

Ein draußen vorbeifliegender Schmetterling hörte das Klagen und Stöhnen. „Typisch deutsch!", dachte er, erinnerte sich dann aber, dass auch er selbst einmal eine Raupe gewesen war – und die Deutschen schon einmal Schmetterlinge. So etwa alle 60 Jahre wiederholt sich das Spiel: von der faulen, hässlichen und jammernden Raupe zum prachtvollen Schmetterling als Dichter und Denker, als Ärzte und Philosophen, als Erfinder und Unternehmer. Der Schmetterling erinnerte sich an die letzten Ereignisse, die aus Raupen Schmetterlinge hervorgebracht hatten:

um 1820 herum durch die Einführung der Pressefreiheit und einer einheitlichen Verfassung mit Unabhängigkeit von der Adelsherrschaft und einem kulturellen Aufschwung dank Goethe, Schiller, Beethoven und Wagner.

Gut 60 Jahre später durch „Erfinder-Geist" und „Unternehmer-Qualitäten" in einer großen „Aufbruchs-Stimmung" und Sprengung vergangener Weltbilder mit Persönlichkeiten wie Daimler und Benz, Krupp und Otto, Maybach und Linde, Siemens und Bosch, Planck, Hertz, Röntgen, Koch und später Einstein.

Nach 1945 blieb keine Zeit zum Jammern und Klagen: Mit Unternehmertum und „Einfalls-Reichtum" wurde das „Wirtschafts-Wunder" wahr.

Wütend durch diese Erinnerungen ruft der Schmetterling den Raupen zu: „Jetzt sind über 60 Jahre um. Die Zeit ist reif für einen Durch-Bruch des Kokons und einen Auf-Bruch in die schöne, bunte Welt der Schmetterlinge. Eure Zukunft liegt in eurer Herkunft!"

Ermutigt vom Ruf des Schmetterlings machen sich die ersten Raupen auf, den Kokon zu sprengen – reißen sich los von „Bedenken-Trägern" und eigenen Ängsten. Mit Kraft, Stolz und Selbstbewusstsein zwängen sie sich heraus und entfalten ihre Flügel. Ermutigen andere, es ihnen gleichzutun – welch ein Bild: Millionen von Schmetterlingen fliegen in die Freiheit, in das Licht der Sonne: Die neuen „Gründer-Jahre" und das neue „Wirtschafts-Wunder".

Alles braucht seine Zeit.

Alles hat seine Zeit.

Jetzt ist es so weit.

Aus der Ferne kann man es ganz deutlich sehen: Millionen von Schmetterlingen formen sich zu einem riesigen Schmetterling, der seine Flügel ausbreitet – farben-froh und kraft-voll.[2]

Kapitel 1 – Was ist German Angst?

In einem Facebook-Post der Polizeistation NRW Märkischer Kreis wurde die German Angst sehr plastisch dargestellt. Die Abteilung beschrieb, welchen Zweck der Beschleunigungsstreifen auf der Autobahn hat. Einstieg in das Thema: „Achtung, Triggerwarnung! Wir behandeln heute ein Kapitel aus der Rubrik ‚German Angst‘: Die Autobahnauffahrt.“[1] Tenor: Die German Angst verhindert, dass der normale Autofahrer genau das tut, wofür der Beschleunigungsstreifen per se gedacht ist – nämlich zu beschleunigen! Also aus der Auffahrt kommend den Streifen anzufahren, dann aufs Gaspedal zu drücken, um möglichst schnell die passende Geschwindigkeit zu erreichen und sich nahtlos in den Verkehr einzufädeln.

Nicht so die Bedenkenträger, die zögerlich vom zweiten in den dritten Gang schalten und schon in der Auffahrt nervös werden. Wenn sich zeigt, dass gerade keine Lücke frei ist, bremsen sie oder stürzen sich mit 50 Sachen in den Verkehr und gefährden alles und jeden damit, statt den Fuß durchzudrücken und den Beschleunigungsstreifen durch den Seitenstreifen zu verlängern. Nicht der Beschleunigungsstreifen, nicht das Gasgeben ist gefährlich, sondern das Bremsen oder kopflose „In-den-Verkehr-Gestürze“.

German Angst – kein anderes Land wird mit Angst in einem Atemzug genannt. So sehen uns unsere Nachbarn – vornehmlich die der angelsächsischen Abstammung. Wir Deutschen gelten in unserem Handeln als zögerlich und von Bedenken geprägt, insbesondere unsere Regierung und Gesellschaft. Existenzängste, Angst vor Veränderung, Zukunftsängste, Angst vor Entscheidungen und vor allem deren Konsequenzen lassen uns auf dem Beschleunigungsstreifen abbremsen.

Aber: German Angst in Politik, Wirtschaft und Gesellschaft – kopflos und bremsend – verhindert Innovation, Entscheidungen, Wettbewerbsfähigkeit und eine erfolgreiche Zukunft Deutschlands.

German Angst – welche Sorgen die Deutschen haben

Hierzu greife ich auf Statistiken zurück, welche die Stiftung für Zukunftsfragen und die R+V zur Verfügung stellen.

In dieser Umfrage zeigt sich sehr deutlich, wie sich die Zukunftssorgen 2022 im Vergleich zu 2007 gewandelt haben.

Und was sagt die R+V? Schon lange befasst sich dieses Versicherungsunternehmen mit den deutschen Ängsten. Unter der Überschrift „Die Ängste der Deutschen im Langzeitvergleich" finden sich auf ihrer Homepage die zahlreichen Langzeitstudien. Ich zitiere von ihrer Seite: „Die R+V-Studie ‚Die Ängste der Deutschen' ist bundesweit die einzige Umfrage, die die Befindlichkeiten der Bundesbürgerinnen und Bundesbürger über einen Zeitraum von mittlerweile 30 Jahren dokumentiert. Der Langzeitvergleich zeigt, welche Ängste seit 1992 Jahr für Jahr im Fokus standen, und gibt Aufschluss über die Intensität der unterschiedlichen Sorgen."[2]

Tatsächlich ist es sowohl spannend als auch aufschlussreich, sich auf diesen Seiten einmal länger aufzuhalten. Die detaillierten Studien geben einen interessanten Einblick z. B. in den Angstindex. Auch gibt es Langzeitstudien zur Angst vor steigenden Lebenshaltungskosten, einer schlechteren Wirtschaftslage, einem Krieg mit deutscher Beteiligung, einer Überforderung der Politik, terroristischen Anschlägen, Schadstoffen in Nahrungsmitteln etc.

Ich möchte Ihnen an dieser Stelle jedoch lediglich die Topängste der vergangenen 15 Jahre vorstellen:

Interessant ist auch folgende Pressemitteilung des RedaktionsNetzwerks Deutschland vom 09.02.2023: „Über die Hälfte der Arbeitnehmenden in Deutschland (59 %) fürchtet sich mindestens einmal wöchentlich vor der Arbeit. Fast jeder Fünfte (17 %) hat sogar täglich Angst. Das ist das Ergebnis einer repräsentativen Studie, die die Plattform für psychische Gesundheit ‚Headspace' durchgeführt hat. Jeder Dritte (33 %) verspürt demnach eine extreme tägliche Belastung. Was die Befragten besonders stresst, ist vor allem die Angst, noch mehr Verantwortung übernehmen zu müssen (47 %). Fast genauso viele (46 %) haben Angst vor der Unberechenbarkeit, die ihr Job mit sich bringt, und den Erwartungen an sie. Etwas weniger befürchten, durch eine Technologie ersetzt (39 %) oder entlassen zu werden (32 %)."[3]

Zukunftssorgen der Bürger[4]

Von je 100 Befragten sagen, dass … ihnen große Sorgen für die Zukunft bereitet

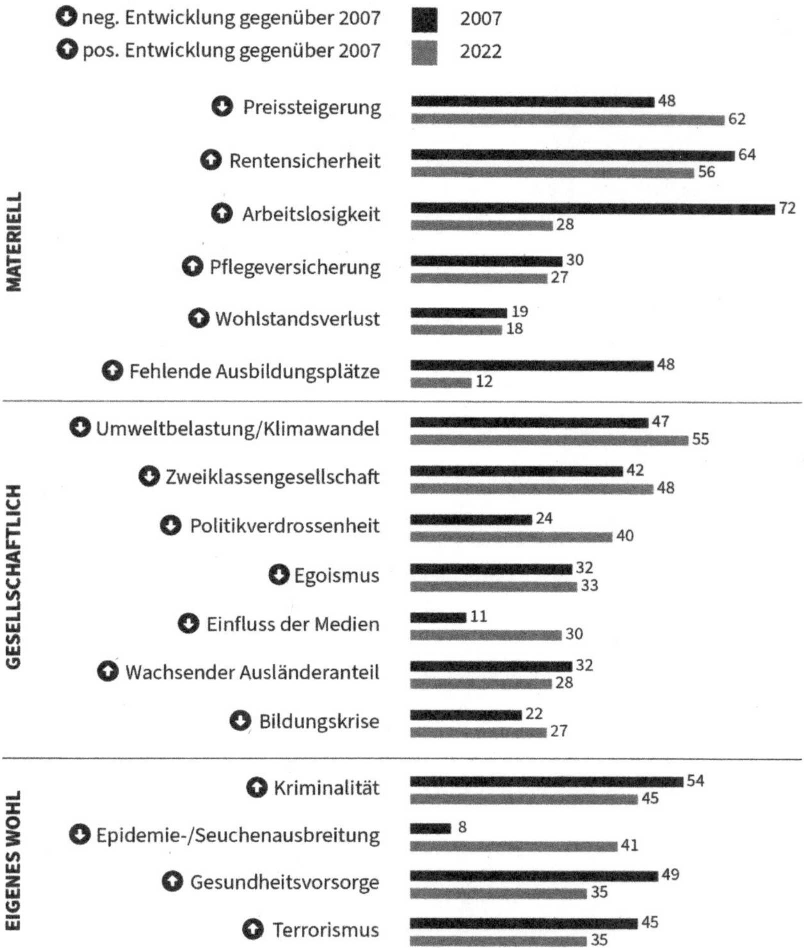

German Angst – rundum genährt durch unseren dysfunktionalen Staat

Am 29.05.2022 erschien ein Artikel von Susanne Gaschke mit dem Titel „Dysfunktionaler Staat – Deutschland funktioniert nicht mehr". Eine in meinen Augen durchaus berechtigte Aussage.

Einige Klassiker: Der Flughafen Berlin-Brandenburg, welcher mit Mehrkosten von 4 Milliarden Euro (1,9 Milliarden waren in 2005 geplant, Stand 2022 waren es 5,9 Milliarden) und 9 Jahren Verspätung (statt 5 Jahren sind es 14 Jahre geworden) das wohl größte blamable Bauprojekt der letzten Jahre ist, der schleppende Breitbandausbau oder marode Autobahnbrücken, die von heute auf morgen komplett gesperrt werden müssen und ganze Regionen über mehrere Jahre ins Chaos stürzen (zum Beispiel die Brücke „Rahmede“ auf der A45 bei Lüdenscheid). Wie kann in einem Land die Wirtschaft florieren, wenn die Infrastruktur am Limit ist – jahrzehntelang nur geflickt und ausgebessert?

Oder im regionalen Bereich: In meiner Heimatstadt wurde im Jahr 2016 die Stadthalle aus Gründen des Brandschutzes geschlossen – bis heute gibt es keinen konkreten (umsetz- und finanzierbaren) Plan zur Sanierung oder zu einem Neubau. Das Hallenbad, gerade einmal 20 Jahre „alt“, ist seit 2020 geschlossen – die Statik ist durch eine marode Konstruktion der Stützpfeiler nicht mehr gewährleistet. Die ursprünglich geschätzten Sanierungskosten liegen heute, knapp drei Jahre später, mindestens bei dem vierfachen Wert – eine konkrete Planung zur Sanierung gibt es nach wie vor nicht. Was diese beiden Projekte allein für das gesellschaftliche Miteinander und – noch schlimmer – für die Schwimmfähigkeit ganzer Generationen bedeuten, überlasse ich Ihrer Fantasie.

Ich möchte jetzt nicht alle Missstände aufzeigen, aber dennoch kurz auf einige eingehen, die in meinen Augen das Vertrauen in den Staat stark schwächen, unser Ansehen in der Welt beeinträchtigen und somit die German Angst befeuern. Viele Themen wie z. B. Bildung oder Politik usw. sollen nicht Gegenstand des Buches sein – als Ehemann einer engagierten Lehrerin und Vater von drei Kindern schaue ich jedoch mit großer Besorgnis auf den verheerenden Zustand unserer Schulen und den Mangel an Lehrern und sehe auch hier großes Potenzial für Angst um eine sichere Zukunft.

Die Topängste der vergangenen 15 Jahre[5]

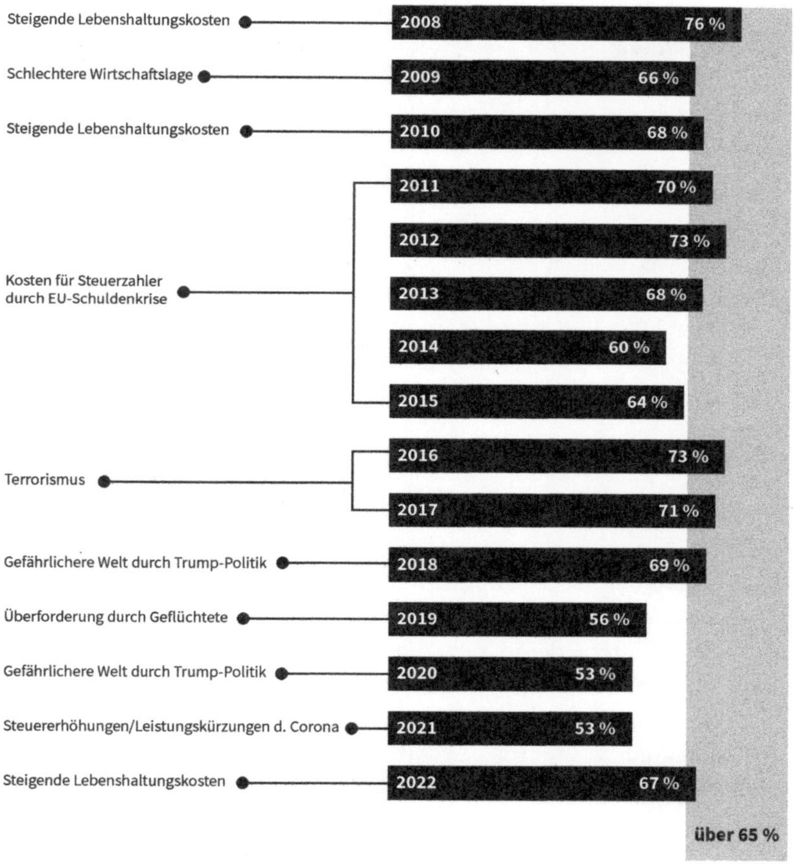

Digi-was

Als eingefleischter ITler und Inhaber eines Unternehmens, welches Softwarelösungen entwickelt, liegt mein Hauptaugenmerk natürlich auf dem desaströsen digitalen Zustand unseres Landes. Betrachtet man das Länderranking zur digitalen Wettbewerbsfähigkeit weltweit im Jahr 2022, muss man schon suchen, bis man Deutschland findet. Kleiner Tipp, wir liegen direkt hinter Österreich … auf Platz 19. Platz 1 ist belegt von Dänemark, gefolgt von den USA auf Platz 2 und Schweden auf Platz 3.[6]

Was die Glasfaseranschlüsse angeht, sollten wir uns auch nicht zu weit aus dem Fenster lehnen. Statista zeigt in einer Grafik sehr schön auf, wie es um den internationalen Vergleich hinsichtlich des Anteils von Glasfaseranschlüssen an allen Festnetz-Breitbandanschlüssen in Prozent steht. In Führung im Jahr 2022 liegt Südkorea mit 87,3 %, gefolgt von Spanien mit 81,2 %, Frankreich mit 51,4 %, OECD mit 35,9 %, den USA mit 19,9 %, Italien mit 16,4 %, dem Vereinigten Königreich mit 8,6 % und nun Deutschland, mit glorreichen 8,1 %.[7]

Eines von vielen Paradebeispielen im Bereich der Digitalisierung ist für mich das Transparenzregister. Damit meine ich nicht die Diskussion über Sinn oder Unsinn des Verzeichnisses an sich – nehmen wir einfach mal als gegeben hin, dass Sinn und Zweck erfüllt werden müssen. Dafür eine digitale Plattform zu entwickeln, liegt nahe und sollte Eintrag und Auszug aus dem Register erleichtern.

Haben Sie das Transparenzregister einmal selbst bedient? Ich bin mit und in der IT aufgewachsen und nehme für mich in Anspruch, mich in Softwarelösungen schnell eindenken zu können. Da ich selbst Softwarelösungen entwickle, kenne ich die endlosen Anforderungskataloge, wenn Behörden oder öffentliche Einrichtungen Lösungen anschaffen – was dort alles eingehalten werden muss, ist enorm. Aber diese Plattform spottet jedem Konzept einer einfachen Lösung. Für das Anlegen eines Kontos benötigt man schon eine ganze Weile, einen Eintrag zu erzeugen gleicht einer halben Doktorarbeit. Die Schaltflächen und Menüpunkte sind für den Anwender völlig unpassend beschriftet. In dem Dokumentenkorb, in welchem laut Hinweistext „eine Übersicht aller Dokumente" hinterlegt ist, findet man lediglich einen Hinweis, in welchen Untiefen der Menüs das eigentliche Dokument und die Rechnung zu finden seien. Unglaublich, wie man einen so einfachen Vorgang derart verkomplizieren kann. Warum nicht wie beim Registergericht: suchen, finden, bezahlen, downloaden. Es kann auch einfach gehen – oder sagen wir: Es konnte mal einfach gehen.

Wir hängen durch unsere Art der Digitalisierung konsequent den Großteil der Menschen ab, die uns in den vergangenen 40 Jahren das alles hier ermöglicht haben: Viele Menschen Mitte 60 können diesen Wahnsinn nicht bedienen. Ebenso problematisch war auch der Aufwand mit der Grundsteuererklärung. Einfache Wege scheinen ausgeschlossen.

Die Möglichkeit, als Mensch mit einem Menschen zu sprechen, wird aus Kostengründen konsequent zurückgefahren, sowohl bei Behörden als auch bei Banken und Versicherungen. Warum? Ich kenne nahezu niemanden, der immer zu der billigsten Bank möchte, aber nahezu jeder möchte gern eine kompetente und persönliche Beratung.

Aus eigener Erfahrung kann ich oft weder den Willen zur Digitalisierung noch zu kundenfreundlichem Umgang erkennen: Viele Leistungen der örtlichen Behörden oder Stadtverwaltungen lassen sich nach wie vor nicht online nutzen. Und im Bürgerbüro kann es durchaus vorkommen, dass man ganz klassisch trotz leeren Wartebereichs eine Nummer ziehen und warten muss, auch wenn sich kein Kunde an einem der sechs Arbeitsplätze der Mitarbeitenden befindet. Ohne Nummer geht es nicht – wagt man die Frage, kann es passieren, dass man zehn Minuten länger wartet –; ein Schelm, wer da einen Zusammenhang vermutet.

Was haben Sie gesagt? Schon wieder weg …

Oder betrachten wir einmal den Mobilfunk. Walter Kohl berichtet in seinem Buch „Welche Zukunft wollen wir? Mein Plädoyer für eine Politik von morgen", er wisse aus eigener Erfahrung, dass man selbst in entlegenen Regionen Koreas oder Chinas keine Probleme habe, im Zug mobile Gespräche ohne Unterbrechung zu führen. In seiner Heimatregion Rhein-Main breche allerdings nur wenige Kilometer von Frankfurts Innenstadt entfernt regelmäßig die Verbindung zusammen. Ein Umstand, den ich nur bestätigen kann, da eine gute Bekannte von mir gleich um die Ecke von Herrn Kohl wohnt.

Nun kann man sagen, dann telefoniert man eben später, davon geht die Welt nicht unter, aber ich bin auch noch nicht fertig. Ich möchte gern aus dem eben genannten Buch zitieren: „Konkret gibt es auch im Jahr 2019 noch immer 240 Gemeinden in Deutschland, in denen die Netzqualität als mangelhaft eingestuft wird. Als ‚mangelhaft' gilt, wenn weniger als 20 Prozent der Mobilfunknutzer dort Netzempfang haben."[8]

Das nenne ich mal eine Hausnummer. Baden-Württemberg liegt mit 63 Orten an der Spitze, gefolgt von 53 Orten in Bayern, 31 in Rheinland-Pfalz, 29 in Niedersachsen und 15 in Sachsen. So das Ergebnis der Studie „Deutschlands Funklöcher".[9]

Auf einer Fahrt von Münster nach Bremen über die A1 – einer der meist befahrenen Autobahnen Deutschlands – ist es nicht einmal möglich, störungsfrei Radio zu hören. Die heute zumeist digitalen Sender haben teils minutenweise Aussetzer. Ist das der Fortschritt, wie wir ihn wollen?

Was diese Tatsachen mit German Angst und einem Unternehmerbuch zu tun haben? Ganz einfach: Wenn die Wettbewerbsfähigkeit Deutschlands international so aufholbedürftig aussieht, schürt das die Zukunftssorgen der Bürger. Und – ich zitiere nochmals Walter Kohl: „Für lokale Handwerksbetriebe sollte die Möglichkeit, in Kontakt mit ihren Kunden zu treten, keine Glücksfrage sein."[10] Ich erweitere diese Aussage auf alle Betriebe jeglicher Branchen.

Die Deutsche Bahn …

Wann sind Sie das letzte Mal mit der Bahn gefahren? Ich habe vor allem in den letzten Jahren versucht, Flüge oder Fahrten mit dem Auto zu vermeiden und stattdessen öffentliche Verkehrsmittel zu nutzen. Da ich auf dem Land wohne, hat die Aussage „Der Bus fährt immer um sieben nach" eine andere Bedeutung als in der Stadt: Bei uns kommt er tatsächlich nur alle Stunde – und das auch nur werktags zwischen 07:00 und 18:00 Uhr. Aber zumindest von der nächstgrößeren Stadt geht es per IC bis zur nächsten Großstadt und von dort per ICE weiter. Und überall das gleiche traurige Bild: überalterte Bahnhöfe, Gleisanlagen und Steuerungstechnik. War es früher etwas Besonderes, von einem verspäteten Zug zu erzählen, ist es heute Anlass zu höchster Euphorie, ohne größere Verspätungen zu reisen. Im gesamteuropäischen Vergleich liegt Deutschland mit Abstand auf dem letzten Platz bei der Statistik, welche Bahn pünktlich „liefert".[11] Meine Kollegen von den Vorzügen der Nutzung von Bahn und Bus zu überzeugen, ist bis heute sehr schwer – auch wenn es durchaus gute Erfahrungen gibt.

Aussagen, wie sie Anfang des Jahres durch die Presse gingen, lassen einen nur den Kopf schütteln. Ich zitiere das Handelsblatt vom 18.03.2023: „Endlich pünktliche Züge – für unsere Enkel. Die Bahn möchte 2070 ihre Pünktlichkeitsziele erfüllen – eine erfrischend unambitionierte Zielsetzung. Die positive Botschaft: Die Bahn rechnet offenbar damit, dass es die Menschheit dann noch gibt."[12] Das manager magazin schreibt: „Dass Züge nicht immer pünktlich sind, ist bekannt.

Nun bahnt sich jedoch eine Rekordverspätung an: Der ursprünglich für das Jahr 2030 geplante ‚Deutschlandtakt' im Bahnverkehr soll erst 2070 vollständig umgesetzt sein."[13] Bahnchef Richard Lutz hat indes im vergangenen Jahr mehr als doppelt so viel Geld von seinem Unternehmen erhalten wie ein Jahr zuvor.[14]

„Jedes Land hat eine Armee, entweder die eigene oder eine fremde." Winston Churchill

Ein Staat hat die Aufgabe, die Sicherheit der Bürger zu gewährleisten. Eine Aufgabe, die die deutsche Bundeswehr nicht leisten kann. Beim „Ranking der schlagkräftigsten Armeen weltweit nach dem Global Firepower Index im Jahr 2023" befindet sich Deutschland auf Platz 25.[15]

Ich bin überzeugter Pazifist. Und dennoch brauchen wir eine vernünftige Verteidigung. Wir Menschen haben ein sehr großes Bedürfnis nach Sicherheit. Eine Tatsache, die später im Buch auch eine sehr große Rolle bei den unternehmerischen Themen spielen wird. Die Fakten jedoch, die nicht zuletzt seit dem Einfall Russlands in die Ukraine über den Zustand unserer Bundeswehr ans Licht kamen, sind mehr als ernüchternd. Über die Gründe der Vernachlässigung unserer Bundeswehr lässt sich sicher diskutieren. Viele sind ein Vermächtnis „unserer Schuld" nach den Weltkriegen und dass eine Armee gesellschaftlich nicht gewollt war – bzw. ein Krieg. Dass die Bundeswehr eine soziale Institution ist, hat sich nicht in den Köpfen verankert. Zu stark war die Abneigung gegen neuerliche kämpferische Ausfechtungen. Doch seit ein neuer Krieg quasi vor unseren Türen wütet, wird plötzlich deutlich, dass eine fremde Armee über uns hereinbrechen kann, gegen die wir so gut wie keine Verteidigung haben.

Folgende Fakten recherchierte Walter Kohl für sein Buch „Welche Zukunft wollen wir? Mein Plädoyer für eine Politik von morgen", welche ich hier nur in Stichpunkten wiedergebe. Auch wenn die Daten aus 2018 und 2019 sind, gehe ich kaum davon aus, dass sich bis heute daran etwas drastisch geändert haben dürfte. Recherchieren kann man sie leider auch nicht mehr, da: „Diese Zahlen waren dem Bundesverteidigungsministerium offenbar selbst so unangenehm, dass es ab dem Berichtsjahr 2019 die entsprechenden Daten mit einer Geheimhaltungsstufe versah und so künftig dem Zugriff der Öffentlichkeit entzieht."[16]

- Reduzierung des Personalbestands von 486.000 in 1989 auf 179.000 in 2018.
- Im selben Zeitraum wurde die Zahl aktiver Kampfpanzer von 3.600 auf 244 dezimiert.
- Die U-Boot-Flotte schrumpft von 30 auf 6, davon ist eines verfügbar.
- Ähnliches gilt bei allen Waffengattungen.
- Von 128 Kampfflugzeugen des Typus Eurofighter sind nur 39 einsatzbereit.
- Von 72 CH-53-Hubschraubern sind es nur 16.
- Von 14 Transportflugzeugen A400M ist nicht eines flugfähig.
- Wegen des mangelhaften Wartungszustandes der Bundeswehr-Hubschrauber trainieren die Bundeswehrpiloten mit ADAC-Hubschraubern, um auf ihre Flugstunden zu kommen.
- Winterkleidung und Zelte fehlen.

Noch eine kleine Anekdote, welche die Welt schrieb: „Nun also hat die Bundesregierung entschieden, die Bundeswehr mit einem Sondervermögen von 100 Milliarden Euro auszustatten. Von ‚Aufrüsten' ist nun die Rede, tatsächlich ist es ein ‚Ausrüsten'. Erinnert sei an die Soldaten, die nach Afghanistan geschickt wurden, um Deutschlands Sicherheit am Hindukusch zu verteidigen. Ihre Kampfausstattung aber war offenbar so unsicher, dass sich manche von ihnen auf eigene Kosten Ferngläser bei Tchibo und Tarnanzüge im Outdoorshop kauften. So viel zum Aufrüsten."[17]

„Whatever happened to German efficiency?"

Diese Frage stellte sich der Telegraph am 09.01.2018. Thema – die deutsche Unfähigkeit, einen Flughafen zu bauen. Liest man den Artikel weiter, stößt man u. a. auf Folgendes: „A fine example of schadenfreude if ever we saw one, tourists are now paying to take tours of Germany's disastrous BER airport. There are various options available to visitors, including bike tours, which went their way around the apron, passing empty terminal buildings and gates."[18]

Oder wussten Sie das schon? Am 19.06.2013 – ja 2013 – schreibt die Berliner Morgenpost: „Aldi verkauft Reisen zur Chaos-Baustelle des BER. [...] Eine findige Geschäftsidee hatten die Manager des „InterCity"-Hotels Berlin-Brandenburg Airport an der Dauerbaustelle des Großflughafens in Schönefeld. Zusammen mit dem Discounter Aldi haben sie ein Reisepaket BER geschnürt, das „Faszination Flughafen Berlin-Brandenburg" verspricht. Highlight der Reise mit zwei Übernachtungen und Frühstück ist eine geführte Tour über die Chaos-Baustelle – zum Gesamtpreis von 79 Euro. Eigentlich ist das Hotel nahe der Terminals für Fluggäste gedacht, doch durch die abgesagte Eröffnung des Hauptstadtflughafens blieben diese aus. Das günstige Reisepaket für Aldi-Kunden bringt nun Bewegung ins Hotel und auf die Baustelle. Das Aldi-Angebot von Mai bis Oktober war innerhalb kürzester Zeit ausgebucht. „Die Tour wurde genial angenommen, wir sind superzufrieden", sagt Stefan Gebhardt von der Geschäftsführung des Hotels. Gleichzeitig gesteht er, dass das Haus vorher nicht besonders gut frequentiert war. Das hat sich jetzt schlagartig geändert.[19]

Aber warum erwähne ich diese Pannenbaustelle, statt über wichtigere Themen wie beispielsweise den verheerenden Bildungsnotstand in Deutschland zu sprechen? Erstens, weil dieses Thema Stoff für ein eigenes Buch birgt, und zweitens, weil ich mich in diesem Buch auf den Zusammenhang von German Angst und Unternehmertum beschränken möchte.

Für mich steht der BER als Synonym dafür, was aus unserem „Made in Germany" wird – und hoffentlich nicht schon geworden ist.

Exkurs „Made in Germany":

Sagt Ihnen der 23. August 1887 etwas? An diesem Tag wurde das britische Handelsmarkengesetz „Merchandise Marks Act" beschlossen. Auslöser waren die Deutschen. Im 19. Jahrhundert drangen besonders im Bereich der Messerherstellung immer häufiger minderwertige deutsche Messer auf den britischen Markt, wo Messer in hoher Qualität hergestellt wurden. Um zu verhindern, dass britische Bürger die Ware aus Deutschland bezogen, wurden sie mit dem Warnhinweis „Made in Germany" versehen.

Da hatten die Briten die Deutschen aber schlecht eingeschätzt. Diese holten noch bis Ende des 19. Jahrhunderts in der Qualität rasant auf – bei Messern, Scheren, Kleidung, Spielzeug, Möbeln, Werkzeugen, Bleistiften usw. In Nullkommanichts wurde aus dem Warnhinweis ein Qualitätssiegel. Höchste Qualität namens „Made in Germany" war geboren.

Durch Tugenden wie Fleiß, Pünktlichkeit, Ordnung, Pflichtbewusstsein, Zielstrebigkeit und Zuverlässigkeit wurden die deutschen Produkte bald weltweit mit höchster Qualität gleichgesetzt. Was die hohe technische Expertise, das fortschrittliche Ingenieurwesen, das In-der-Norm-Bleiben sowie hocheffiziente Prozesse und Standards anging, blieben die Deutschen viele Jahre quasi konkurrenzlos. Höchste Funktionalität, beste Erfolge, ein reines Image und Einhaltung der höchsten Qualitätsansprüche waren die Leitvisionen der Unternehmen.

Whatever happened to German efficiency? Das Ausland lacht über uns, wenn das mal kein Grund ist, sich ganz der German Angst hinzugeben und existenzielle Zukunftsängste zu entwickeln. Denn es ist eine berechtigte Frage, die ich gern erweitern möchte. Wo sind unsere deutschen Tugenden geblieben? Lange Zeit belächelt, aber ohne diese wäre unser Wirtschaftswunder nach dem 2. Weltkrieg nie und nimmer möglich gewesen. Und jetzt? Statt anzupacken und Deutschland wieder zu dem zu machen, was es einmal war, wird über die Viertagewoche diskutiert und Themen der Rechtschreibung mit * oder ohne * sind viel wichtiger als unser Wirtschaftsstandort, unsere Zukunft.

An allen Stellen hört man, was alles nicht geht. Keiner spricht davon, was möglich wäre oder wie eine Lösung aussieht. Kein Wunder, dass sich die Angst breitmacht: Angst der Unternehmer, abgehängt zu werden – wo doch in anderen Ländern der Staat massiv in den Ausbau der Infrastruktur und die Stärkung der Wirtschaft investiert.

In unserem Staat ist es doch wie in jedem Unternehmen: Gute Kultur kann nur von oben vorgelebt werden. Eine gute Regierung muss Wege aufzeigen, positiv argumentieren und in Erreichungs- statt Vermeidungszielen denken und handeln. Wie ein guter Unternehmer. Wir wollen nicht vermeiden, Letzter zu werden, wir wollen alles tun, um Erster zu sein! Aber so etwas habe ich schon sehr lange von keinem Politiker gehört – zumindest von keinem, den ich persönlich ernst nehmen kann.

Oder liegt es an den Medien? Das Geschäft mit der Angst: Gefühlt sind die Medien voll von Schreckensnachrichten. Gute Neuigkeiten sind so rar wie ein Sechser mit Zusatzzahl im Lotto. Ist Opferjournalismus wirklich nur der Sensationslüsternheit mancher geschuldet? Denn befragt man die Bevölkerung, so stellt man fest, dass die Bürger zwar keine geschönten Nachrichten möchten, doch vermissen sie Informationen, Reportagen, Berichte und Erzählungen, die von zuversichtlichen Entwicklungen, nachhaltigen Erfolgen, optimistischen Konzepten oder Praktiken sprechen.[20] So das Ergebnis einer Umfrage der Stiftung für Zukunftsfragen, bei welcher 84 von je 100 Befragten aussagten, sie hätten das Gefühl, dass in den Medien hauptsächlich schlechte Nachrichten verbreitet werden.[21] Ein deutliches Ergebnis.

Welche Auswirkungen hat German Angst auf uns? Und warum stellen wir uns in Wirtschaft, Politik und Gesellschaft nicht die richtigen Fragen? Schauen wir uns das mal näher an.

German Angst – und ihr Einfluss auf das aktuelle Wirtschaftsverhalten

Die natürliche Reaktion von Menschen (oder doch nur von uns Deutschen?) im Angesicht einer Krise – ganz getrieben von German Angst – sieht folgendermaßen aus (ich bleibe beim Beispiel des Autofahrens): voll abbremsen, möglichst erst einmal die Situation von allen Seiten beäugen und wenn absolut sicher ist, dass keine Gefahr besteht, gaaanz langsam drumherumfahren. Eine weitere Analogie: etwas völlig Normales und schon mehrfach Gesehenes, aber zu einem nicht erwarteten Zeitpunkt passiert: Schneefall im Mai. Das erste Fahrzeug erkennt eine ungewohnte Situation, bremst stark, der Fahrer begutachtet die Situation, merkt nach einigen Augenblicken, dass es wohl doch nur Schnee ist, und beschleunigt langsam wieder. Was diese Reaktion mit allen anderen „dahinter“ anstellt, spielt dabei für ihn (oder sie) keine Rolle. In der Konsequenz entsteht aber „dahinter“ pures Chaos, die funktionierende Ordnung, die laufenden

Vorgänge und das Fließen des Verkehrs sind dahin. Auch wenn es vorne irgendwann wieder gewohnt flüssig läuft – hinten dauert es eine Ewigkeit.

Genauso verhält es sich in der Geschäftswelt: Sowohl für die Mitarbeitenden im Unternehmen als auch die davon abhängigen Firmen bedeutet eine Vollbremsung des Unternehmens Chaos, Panik und eine lange Regenerationszeit.

Herrschte eben noch eine gute Stimmung, viel Arbeit und unternehmerischer Erfolg, bricht die Schreckensnachricht über die Belegschaft herein. Krise! Die German Angst, die dem Management die Kehle zuschnürt und weitsichtige Entscheidungen hemmt (der Blick in den Rückspiegel), wird nun weitergegeben. Von der Unternehmensleitung über die Führungskräfte bis hin zum Mitarbeitenden. Mutige Entscheidungen finden hier keinen Platz.

Die neue Unternehmerkrankheit „Entscheidungsallergie"

„Das kann ich nicht entscheiden" ist sicher einer der am häufigsten gebrauchten Sätze in Unternehmen. Und er ist teuer, richtig teuer. Sie glauben, das sei immer noch günstiger als eine falsch getroffene Entscheidung? Ich behaupte Nein. Das Verschleppen von Entscheidungen in Unternehmen kostet deutlich mehr, als falsche Entscheidungen in Kauf zu nehmen. Prozesse werden langsam, immer mehr Personen werden involviert. Die Angst, eine falsche Entscheidung zu treffen, erfordert eine genaue Beschäftigung mit dem Thema – nur wer alle Fakten kennt, kann gut entscheiden. Also werden für das Unternehmen finanziell gesehen banale Entscheidungen monatelang durch die Gremien und Organisationsstruktur geschoben. Mit jedem Schritt nach oben potenziert sich der entstandene Schaden. Noch eine Runde, noch mehr Zeit. Aus einer Entscheidung zur Einführung einer Software, die nachweislich die Effizienz der Führungskräfte steigert und signifikant Zeit im Alltag spart mit einem Volumen von weniger als 0,005 % des Umsatzes des Unternehmens, wird ein Projekt über 15 bis 20 Termine und 9 bis 15 Monaten Laufzeit.

Wenn meine Mitarbeitenden keine Entscheidungen treffen, können sie auch keine Fehler machen – was gut klingt, ist ein großes Problem: Wer keine Entscheidungen trifft, bremst mit voller Energie das Wachstum und die Entwicklung des Unternehmens!

Und so bleiben Unternehmen in vielen Bereichen einfach stehen. Aufkommende Motivation zu eigenen Entscheidungen wird wirksam bekämpft. In der Hierarchie finden sich genug Besetzungen, die solche zarten Pflänzchen erkennen und zertreten. Wieder ein Effekt, der aus German Angst heraus entsteht und zu Lähmungen im Unternehmen führt. Dabei ist wissenschaftlich erwiesen, dass unter Angst getroffene Entscheidungen schlechter sind, so ein Artikel der „nature neuroscience" mit dem Titel: „Anxious individuals have difficulty learning the causal statistics of aversive environments".[22]

Ich selbst treffe täglich unzählige Entscheidungen. Nicht zu entscheiden wäre das Einzige, was ich wirklich falsch machen kann. Mit allem anderen kann (und muss) ich leben. Warum lassen wir unsere Mitarbeitenden und Führungskräfte keine Entscheidungen treffen? Es ist doch einfach, einen Rahmen zu definieren. Und ja, es müssen Fehler gemacht werden, um zu lernen. Fehler sind ein wichtiger Teil der persönlichen Weiterentwicklung, aber auch der Weiterentwicklung des Unternehmens. Voraussetzung dafür ist eine funktionierende Fehlerkultur – und genau die haben Unternehmen heute oft nur auf dem (vom Management formulierten) Papier.

Die neue Unternehmerkrankheit „Verantwortungsallergie"

Statt Mitarbeitenden mit Transparenz und Offenheit zu begegnen und Sicherheit zu vermitteln, wird nach dem Prinzip „Geteilte Angst ist halbe Angst" das Schreckgespenst beschworen. Dass dies bei Mitarbeitenden Angst um das eigene Heim, die Familie und das wirtschaftliche Überleben auslöst, scheint kaum jemandem bewusst zu sein.

Dabei haben Unternehmer im Wesentlichen zwei Kernaufgaben:

- Verantwortung für den Fortbestand und den Erfolg des Unternehmens übernehmen
- Verantwortung für die Mitarbeitenden, das Netzwerk und die Gesellschaft übernehmen

Unternehmen müssen wirtschaftlich erfolgreich sein. Dies ist angesichts einer Krise keine einfache Aufgabe. Um sich aus Bequemlichkeit nicht mit Alternativen zu beschäftigen, die am Anfang vielleicht mehr Energie und Hirnschmalz benötigen, letztlich aber erfolgreich sind, wenden Unternehmen nahezu immer die gleiche „Wunderwaffe“ an: Kosten reduzieren, Investitionen stoppen oder verschieben, Effizienz erhöhen (zumeist nur eine andere Formulierung für „aus Mitarbeitenden rausholen, was geht“). Lange Rede, kurzer Sinn: Es geht darum, auch in einer Krise den maximalen Profit für Gesellschafter oder Aktionäre herauszuholen. Das verstehen sie unter „Verantwortung“.

Ich bin mir sicher, dass viele Angestellte begriffen haben, wie sie von solchen Unternehmen gesehen werden: als eine sehr stark belastbare, aber austauschbare Ressource. Wie eine Maschine. Wenn es gut läuft, sind sie da und machen, wofür sie vorgesehen sind. In schlechten Zeiten muss es eben etwas mehr sein, sonst kann das Unternehmen nicht überleben. Wertschätzung sieht sicher anders aus.

Mit diesem Verhalten wachsen die Menschen auf. Junge Menschen erleben ihre Eltern, erleben die Folgen, wenn kleine Unternehmen am Ende der Lieferkette hängen und sprichwörtlich hängen gelassen werden, weil alles auf „STOPP“ steht.

Da ist es kein Wunder, dass sich Unsicherheit und Angst unter den Mitarbeitenden breitmachen. Ich verweise noch mal auf die Ergebnisse der Studie von „Headspace“, dass sich über die Hälfte der Arbeitnehmenden in Deutschland (59 %) mindestens einmal wöchentlich vor der Arbeit fürchtet. Fast jeder Fünfte (17 %) hat sogar täglich Angst.

Ehrlich gesagt überraschen mich auch Zahlen wie die der Boston Consulting Group aus dem Jahr 2019 nicht. Unter der Überschrift „The End Of Management As We Know It“ zeigt sich das verheerende Ergebnis: Nur 7 % der Mitarbeitenden in Deutschland möchten in den kommenden fünf bis zehn Jahren eine Führungsposition übernehmen.

So viel zum Thema „Verantwortungsallergie“ …

Weshalb wird in Wirtschaft, Politik, Gesellschaft und Medien German Angst seit Jahrzehnten bewusst am Köcheln gehalten?

Wieso hinterfragen wir diese Zustände, die aus der Angst resultieren, nicht aktiv? Liegt es an der Komplexität? Oder an der Befürchtung, dass der Energieaufwand für einen Wandel höher ist als der, um das Vorhandene am Laufen zu halten? Scheuen wir uns davor, mit gesundem

Menschenverstand Fragen zu stellen, die wirklich Relevanz haben – wie zum Thema Veränderung oder zum Thema Ängste? Und welchen Anteil daran haben Disziplinlosigkeit, Bequemlichkeit und die Komfortzone?

Das Gefühl, dass German Angst in uns ständig am Leben gehalten wird, ist allgegenwärtig. Wir leisten unseren Beitrag, damit das auch so bleibt. Wir sind stark geprägt, in Vermeidung zu denken und zu handeln. Immerzu ist unser Tun von dem Vermeiden einer unangenehmen Situation geprägt. Auf die Frage, warum ein Mitarbeitender es für wichtig erachtet, pünktlich zur Arbeit zu erscheinen, ist die Antwort „Um Ärger wegen des zu späten Erscheinens zu vermeiden" sicher auf den ersten Blick plausibel. Wir wollen keinen Ärger, keine Konflikte. Wir denken in Vermeidung. Kaum jemand denkt in Erreichung: „Damit ich meine Aufgaben rechtzeitig abschließen kann und gemeinsam mit meinen Kollegen einen guten Job mache. Bin ich pünktlich und können sich meine Kollegen auf mich verlassen, läuft alles rund und greift ineinander."

Aus dieser Denkweise auszubrechen und sich nicht wieder in dieses angstgeprägte Hamsterrad drängen zu lassen, ist schwierig. Wir bekommen genau das jeden Tag vorgelebt: in den Unternehmen, in den Familien, in Schulen, in der Presse und der Politik. Vermeidung und German Angst sind zwei eng verbundene Begriffe, die uns täglich begleiten.

Der Fisch stinkt vom Kopf her ... Um wieder Vertrauen zu fassen, um vor allem Deutschland wieder nach vorne zu bringen, müssen wir alle etwas tun. Aber im besonderen Maße sind Unternehmer, Entscheider und Führungskräfte gefordert, mit gutem Beispiel voranzugehen. In instabilen Zeiten brauchen Menschen Menschen. Sie suchen jemanden, dem sie vertrauen können, mit dem sie durch dick und dünn gehen wollen.

Diese und viele weitere Themen sind Teil der folgenden Kapitel. Aber vorweg stelle ich Ihnen eine Definition von Angst sowie die daraus resultierenden körperlichen Reaktionen vor, da wir ständig über „Angst" sprechen. Auch wenn German Angst prinzipiell nichts mit „Angst" im klassischen Sinne zu tun hat, jedoch häufig so verstanden wird.

Was ist eigentlich Angst?

Eine kurze Definition

Angst ist eine völlig natürliche Reaktion auf bedrohliche Situationen und entsteht immer dann, wenn wir die Kontrolle über eine Situation oder das Leben verlieren. Die in meinen Augen beste Definition von Angst schrieb Nossrat Peseschkian in seinem Buch „Angst und Depression im Alltag" unter der Überschrift: „Die existentielle Funktion der Angst": „Angst ist neben den Grundbedürfnissen eine mächtige, wenn nicht gar die stärkste Antriebskraft für das menschliche Verhalten überhaupt. Sie ist ein archaisches, tief in der tierischen und menschlichen Natur verwurzeltes Reaktionsmuster, das im Dienst des Überlebens steht."[23]

Angst ist also grundsätzlich positiv einzustufen und nichts anderes als die natürliche Reaktion des Körpers auf eine reale Gefahr. Der nahrungssuchende Steinzeitpapa schaltet mit Entdecken eines Säbelzahntigers von einer Sekunde auf die nächste um. Der Fokus liegt nun nicht mehr auf der Nahrungssuche, sondern auf der Überlebensstrategie.

Angstreaktionen werden biologisch vom Stammhirn gesteuert. Völlig unbewusst läuft die Verbindung von Reiz (die Bedrohung) und Reaktion (Kampf, Flucht oder Schockstarre) ab. Sehr anschaulich beschreibt diesen rein vegetativen Ablauf Klaus Bernhardt in seinem Buch „Panikattacken und andere Angststörungen loswerden".[24] In dem Moment, in welchem wir den Reiz der Bedrohung unbewusst wahrnehmen, aktiviert unser Gehirn vorwiegend zwei Neurotransmitter:

- Unser Hirn gibt den Befehl an die Nebennieren, Adrenalin auszuschütten. Adrenalin beschleunigt den Herzschlag, sodass deutlich schneller Nährstoffe und Sauerstoff in den Körper transportiert werden. Vor allem Arme und Beine werden reichlich versorgt, um entweder im Falle der Reaktion „Flucht" schnell weglaufen oder sich im Kampf ausreichend wehren zu können.

- Zusätzlich wird der Neurotransmitter Histamin ausgeschüttet. Histamin steuert u. a. das Hautbild und ist für Funktionen des Magens, Darms und der Bronchien zuständig. Dieser Botenstoff sorgt dafür, dass sich bei Angst schlagartig unser Magen verkrampft.

Die Verdauung wird gestoppt, da diese sehr viel Energie verbraucht. Die dort eingesparte Energie wird nun zum Fliehen oder Kämpfen genutzt. Des Weiteren sorgt Histamin dafür, dass wir unnötigen Ballast abwerfen. Tiere auf der Flucht verlieren Urin und Kot. Sie erleichtern sich, um noch schneller weglaufen zu können.

In unserem Sprachgebrauch sind diese ureigensten Reaktionen auf Angst nach wie vor geläufig: „Sich vor Angst in die Hosen machen", „Schiss haben", „Das schlägt mir auf den Magen".

Kompliziert wird das Thema Angst, wenn sich zwischen Reiz und Reaktion eine dritte Komponente drängt – die Denkprozesse (Kognitionen) steuert und die damit einhergehende Bewertung der Situation übernimmt.

Ereignis ⇨ Bewertung/Gedanken ⇨ Gefühl

Damit schaltet sich das Großhirn ein und Angst wird zu einer Kopfsache.

Lähmende Angst entsteht im Kopf

„Es sind nicht die Dinge selbst, die uns beunruhigen, sondern die Vorstellungen und Meinungen von den Dingen." Epiktet (ca. 50–138 n. Chr.)[25]

Unser Körper kann nicht zwischen realen und irrealen Bedrohungen unterscheiden. Somit spielt es für unser Gehirn keine Rolle, ob wir etwas tatsächlich erleben oder es uns nur in Gedanken ausmalen. Wenn wir in Gedanken bzw. in unserer reinen Vorstellung eine Situation, ein Lebewesen oder eine Sache kognitiv, das heißt im Großhirn, als bedrohlich einstufen, so reagiert unser Stammhirn exakt so wie beim Säbelzahntiger. Sämtliche Botenstoffe werden aktiviert.

Da wir in diesem Fall aber weder flüchten noch kämpfen müssen, sucht sich der Körper andere Wege, um die Botenstoffe abzubauen. Er nutzt Mikrobewegungen der Muskulatur wie Kribbeln in Armen und Beinen sowie Zittern, durch das die Körpertemperatur schnell nach oben getrieben und überschüssige Energie in den Zellen verbrannt wird. Hitzewallungen, feuchte Hände, Durchfall, Magenkrämpfe und Harndrang gehören ebenso dazu.[26]

Jeder ängstliche Gedanke, jede bloße Vorstellung löst diese Reaktionen aus!

Denken ist ein auditiver Prozess. Beim Denken hören wir unsere eigene Stimme im Kopf. Alles, was wir uns in Gedanken selbst erzählen, hat sofortigen Einfluss auf unsere Empfindungen.[27] Jedes Wort zählt. Die Gedanken sind somit Ursache unserer Gefühle. Schon Marc Aurel sagte: „*Auf die Dauer der Zeit nimmt die Seele die Farbe der Gedanken an.*“[28]

Es geht um die persönliche Bewertung einer Situation, die darüber entscheidet, wie man sich fühlt. Es ist ganz einfach: Negative Gedanken erzeugen negative Gefühle, positive Gedanken positive Gefühle. Daher sollte man sich immer in oder nach einer kritischen Situation ernsthaft fragen: Entspricht meine Bewertung wirklich den Tatsachen oder spiegelt sie nur meine Meinung wider?

Unsere Bewertungen setzen sich aus unseren Erinnerungen, Erfahrungen, Vorstellungen und Erwartungen zusammen und laufen unbewusst und automatisch ab. Bewertungen sind erlernt. Und alles, was man erlernt hat, kann man auch wieder verlernen. Im Falle von German Angst ist das eine gute Nachricht.

Kapitel 2 – Die German Angst im Topmanagement: Welches Korsett darf es heute sein?

Die neuen Unternehmer- bzw. Führungskräftekrankheiten Entscheidungs- und Verantwortungsallergie scheinen sich auch in den Ergebnissen der neuen Gallup-Umfrage widerzuspiegeln. „Fast jeder fünfte Mitarbeiter hat innerlich gekündigt, mehr als jeder zweite glaubt nicht mehr an seine Firma in der Zukunft. Die Führungskräfte spielen eine immer unglücklichere Rolle dabei." Einige Ergebnisse im Überblick:[1]

- Nur noch 13 % der Mitarbeiter sind „mit Herz, Hand und Verstand" bei der Arbeit. Das waren 2021 noch 17 %.
- Die Zahl der Angestellten, die innerlich gekündigt haben, ist von 14 % auf 18 % gestiegen.
- 69 % aller Arbeitnehmer machen Dienst nach Vorschrift.
- Gesunken ist das Vertrauen in die Zukunft der Arbeitgeber: Nicht mal jeder zweite glaubt fest an die wirtschaftliche Zukunft seines Unternehmens (41 %).
- Nur noch jeder Dritte ist zuversichtlich, dass die eigenen Geschäftsführer die künftigen Herausforderungen meistern können. Das waren vor drei Jahren noch 41 %.
- 20 % der Mitarbeiter sagen, sie seien aktiv auf Jobsuche, und
- 41 % hören sich schon um. Das trifft auf Homeoffice-Arbeitende ebenso zu wie auf alle anderen.
- Dreh- und Angelpunkt sind gerade in diesen unruhigen Zeiten die direkten Vorgesetzten. Doch mit denen sind nur 25 % der Mitarbeiter sehr zufrieden.
- 38 % sehen „Nachholbedarf".
- Explizit sagen nur 30 % der Angestellten, dass ihre Führungskraft immer erreichbar ist und sich Zeit nimmt.

Keine schönen Ergebnisse. Doch warum ist das so? Liegt es tatsächlich nur an der Last der Herausforderungen unserer krisenhaften Zeiten, in welchen viele Probleme gleichzeitig bewältigt werden müssen?

Unternehmen sehen sich mit zwei zentralen Aufgabenkomplexen konfrontiert: Zum einen muss die Organisation insgesamt widerstandsfähiger und flexibler für Neuausrichtungen gemacht werden, damit sie mit den Unwägbarkeiten unserer Zeit Schritt halten kann. Schlagworte sind hier Stabilisierung und Resilienz der Firma. Zum anderen muss die Mitarbeitendenbindung und Arbeitgeberattraktivität gestärkt werden, um dem Fachkräftemangel Paroli zu bieten. Beide Themenkomplexe sind überlebenswichtig.

Aber: Zahlreiche selbst auferlegte Korsetts werden als Vorwand oder Ausrede genommen, um zu verharren! Wie einfach ist es doch, sich mittels verschiedenster Entschuldigungen aus der Verantwortung zu ziehen. Die selbst auferlegten Korsetts schnüren ein, nehmen die Luft zum Atmen und kreativen Denken, vermitteln aber dem Betrachter den Eindruck einer guten Figur.

Welches Korsett darf es heute sein? Lassen Sie sich nicht von der Länge der einzelnen Korsetts irritieren – sie schnüren alle gleichermaßen die Luft ab, unabhängig von der Seitenzahl.

Das Korsett der Komfortzone

„Nichts ist mächtiger als die Gewohnheit.“, [2] sagte Ovid bereits um das Jahr 0 herum. Auch deshalb ist das Ergebnis der folgenden Umfrage, warum Menschen nicht mutig sind, erstaunlich ehrlich: weil sie ihre Komfortzone nicht verlassen wollen. Mut bedeutet Aktivität, Engagement, Risiko, Kraftaufwand. Wie bequem ist da doch ein Leben in Passivität und Sicherheit … Ein Ort frei von Zwängen und Anforderungen, Herausforderungen und Anspannung. Alles und jeder sind einem vertraut, da weiß man, was man hat!

Der Gedanke an Anstrengung und die möglichen Konsequenzen wirkt für viele Bundesbürger zu abschreckend, um mutig zu sein. Zwar nimmt man am politischen und gesellschaftlichen Geschehen Anteil, plant durchaus auch mal ein stärkeres Engagement und träumt von persönlichen Veränderungen und Zielen, doch bleibt es meistens bei einem theoretischen Gedankenspiel.

Bequemlichkeit, Angst und Zweifel – warum Mut oft auf der Strecke bleibt

Von je 100 Befragten nennen folgende Gründe, weshalb viele Bürger nicht mutig sind: weil …

„Die reinste Form des Wahnsinns ist es, alles beim Alten zu belassen und gleichzeitig zu hoffen, dass sich etwas ändert." Albert Einstein [4]

Unternehmen geben sich gern innovativ und modern. Viele sind in der Hightechbranche oder für diese Branche tätig und selbst alteingesessene Sparten konnten durch stetige Modernisierung alte Technologien und Fertigungsverfahren ablösen. Es wird geschaut, was man tun kann oder tun muss, um wirtschaftlich und „auf dem Stand der Zeit" zu sein, abgewogen, geplant und umgesetzt. Und schon ist ein kompletter Produktionsprozess modern. In der Praxis sicher deutlich komplexer und langwieriger, aber in jedem Fall in vielen Unternehmen gelebte Praxis.

Was sich in Unternehmen eben nicht wie eine Maschine planen und austauschen lässt, sind die Methoden der Führung, das Verständnis im Umgang mit Mitarbeitenden, das Agieren in schwierigen Situationen und das Mutigsein.

Menschen verhalten sich anders, sie lassen sich nicht einfach umprogrammieren und laufen dann in einem neuen Betriebsmodus. Wir alle verlassen unsere Komfortzone nur äußerst ungern. Das, was wir kennen. Vor allem im Arbeitsumfeld. Vor allem in fordernden und schwierigen Zeiten. Dann brauchen wir das Bekannte, von dem wir wissen, dass es funktioniert. Wir brauchen das Beständige, das uns das Gefühl gibt, alles ist wie immer und ganz sicher.

Der Mechanismus in uns ist wie ein Gummiband, er zwingt uns immer wieder in unser gewohntes Terrain. Werden wir gezwungen, den Bereich ganz sachte zu verlassen, wird das Bestreben immer größer, wieder in den gewohnten Bereich zurückzukommen.

Sehr deutlich zeigt sich das Verhalten zum Jahreswechsel. Silvester: ein idealer Zeitpunkt für gute Vorsätze. In diesem Jahr wird es klappen. Gesunde Ernährung (49 %), mehr Sport treiben (48 %), mehr Geld sparen (46 %), mehr Zeit mit Familie oder Freunden verbringen (43 %) oder mit dem Rauchen aufhören (20 %).[5] Voller Elan starten wir in den 1. Januar. Oje, der Kater, ja, es war ja spät gestern. Heute mal lieber langsam machen, aber morgen, morgen geht es dann wirklich los. Sie wissen, wie das weitergeht – 10 % der Vorsätze sind schon am 02.01. passé, 25 % kommen nicht mal durch den Januar. Nur 25 % schaffen es überhaupt durch den Februar.

Wer nicht nahezu täglich Sport macht, kennt diesen Effekt auch: Der innere Schweinehund ist schon ein mieser Geselle. Er kennt jeden nur erdenklichen Grund, warum morgen ein besserer Zeitpunkt für Sport ist als heute.

Da ist es nicht verwunderlich, dass wir als Führungskräfte und Unternehmer dazu neigen, genauso zu ticken. Es entspricht unserem menschlichen Naturell.

Wenn wir einer Entscheidung gegenüberstehen und zwischen einer mutigen Entscheidung und einer Komfortzonen-Entscheidung wählen können, wird der Schweinehund immer flüstern: „Mach es wie immer, es funktioniert, du weißt es, du kennst es, überfordere deine Mitarbeitenden nicht durch neue Wege …“

Exkurs: Die Macht der Gewohnheit – der Mensch ist ein Gewohnheitstier!

Gewohnheiten sind überlebensnotwendig. Ohne sie wäre unser Gehirn mit der Komplexität dieser Welt überfordert. Gewohnheiten sind erlernte Muster, die sich über Jahre hinweg etablieren und im Gehirn festigen, je öfter wir ihnen nachgehen. Die meisten unserer Entscheidungen und Gedanken basieren nicht auf sorgfältigem Abwägen. Durch ständiges rationales Denken würde unser Gehirn zu viel Energie verbrauchen. Die gute Nachricht ist aber, dass wir uns neue Gewohnheiten aneignen und alte ablegen bzw. ersetzen können.[6]

Charles Duhigg – Träger des Pulitzerpreises, investigativer Reporter für The New York Times und Autor des Bestsellers „Die Macht der Gewohnheit“ – beschreibt in eben jenem Buch, was Gewohnheiten sind, wie diese zustande kommen, wo diese in unserem Gehirn entstehen und vor allem, wie man mit schlechten bricht.

Ich möchte Ihnen jetzt keine Vorlesung über Basalganglien (Kerngebiete, die unter der Großhirnrinde liegen und in denen sich unsere Gewohnheiten bilden) halten, aber Duhigg erklärt sehr anschaulich, welchen Sinn und Zweck Gewohnheiten in ihrem Ursprung haben:

Gewohnheiten entstehen durch Routinen und weil unser Gehirn ständig nach Wegen sucht, sich ausruhen zu können. Wir müssen nicht mehr über grundlegende Verhaltensweisen nachdenken wie Schuhe zubinden, gehen, den Motor anlassen, das Frühstück zubereiten usw. So haben wir mehr mentale Energie für andere Denkprozesse. Das Problem besteht jedoch darin, dass unser Gehirn nicht zwischen guten und schlechten Gewohnheiten unterscheiden kann. Dies erklärt, warum es so schwierig ist, schlechte Angewohnheiten abzulegen. Erst wenn wir etwas über einen langen Zeitraum (mindestens 90 Tage) anders machen, registriert unser Gehirn eine neue Routine und lässt diese zur Gewohnheit werden.[7]

Wenn Sie also joggen gehen möchten, der innere Schweinehund aber lieber auf dem Sofa sitzt, müssen Sie so lange gegen diesen ankämpfen, bis der Schweinehund von allein zu den Schuhen greift und raus in den Wald möchte.

Das Korsett der Bedenken

Schon skurril, wie viel der Unterschied zwischen Singular und Plural ausmacht – das Bedenken, die Bedenken. Bedeutet das eine das Erwägen von bzw. das Nachdenken über etwas, drückt das andere den aufgrund des Nachdenkens entstandenen Vorbehalt oder Zweifel aus. Aber wie schon Kurt Tucholsky sagte:

„Auch wenn ein Deutscher nichts hat, Bedenken hat er.“[8]

Für mich spiegelt sich die Angst im Management im Verhalten der Führungsebenen wider, welches primär darauf ausgelegt ist, in Befürchtungen zu denken. Bei allen anstehenden großen und kleinen Entscheidungen steht erst einmal im Vordergrund: Was könnte passieren? Was könnte mir passieren? Wie kann ich mich als Führungskraft bestmöglich davor schützen, dass ich Verantwortung übernehmen muss? Was könnte ich für rechtliche Schwierigkeiten bekommen oder was muss ich dort bedenken? Welche Beschränkungen wurden mir von der nächsten Managementebene mitgegeben?

All diese Befürchtungen führen im täglichen Arbeiten dazu, dass die Führungskräfte nicht frei entscheiden. Sie suchen nicht den besten Weg, sondern versuchen lediglich, das Schlimmste zu vermeiden. Also das genaue Gegenteil von dem, was ich von einer guten Führungskraft erwarte, egal in welcher Managementebene. Entscheidungen werden allein aus der Angst heraus, es könnte etwas passieren, nicht getroffen. Das selbst gewählte Korsett: Angst vor dem Scheitern. Wir suchen es uns aus, zwängen uns hinein und nehmen es dann als Vorwand, nicht ins Tun zu kommen, wie es laut der oben abgebildeten Grafik jeder Zweite tut. Hier ein paar Beispiele:

Bedenken – die ist eh bald weg!

Ein Paradox der heutigen Zeit ist der Blick auf junge Frauen in Unternehmen. Auf der einen Seite hochgelobt als zielstrebig und erfolgreich, werden sie auf der anderen Seite in vielen Unternehmen seitens des Managements immer noch nicht genauso behandelt wie ihre männlichen Kollegen. Die Aus- und Weiterbildung zu fördern, wird oft nur schleppend in Betracht gezogen – stets verbunden mit der bohrenden Frage: Wann wird die junge Mitarbeiterin wohl schwanger? Dann ist sie erst einmal weg und wer weiß, ob sie danach überhaupt wiederkommt. Und wenn, dann sicher nur in Teilzeit. Lohnt es sich wirklich, so viel in sie zu investieren?

Solche Bedenken in den Köpfen des Managements lassen eine Entwicklung und Entfaltung nicht oder nur in begrenztem Maße zu – sie hemmen die Nutzung vorhandener Potenziale.

Als ich selbst vor vielen Jahren als frischer Unternehmer mit solchen Situationen konfrontiert wurde, habe ich diese weitverbreitete Einstellung erst einmal einfach übernommen – ohne sie zu hinterfragen. Was sich im Nachhinein als völlig falsch erwiesen hat, aber ich war Anfang 20 und stellte mich gerade erst der Herausforderung „Chef sein". Mit den Jahren habe ich gelernt: Im Management sollte es selbstverständlich sein, selbst zu erkennen, wo unser Interessen- und Einflussbereich liegt – und welche Dinge wir als gegeben hinnehmen oder kritisch hinterfragen müssen.

Mütter sind Organisationsspezialisten – Unternehmerinnen. Von dem Wunsch geprägt, beruflich aktiv zu sein und dennoch die Rolle der Mutter auszufüllen, entwickeln sie ungeheure Energien. Ich bewundere die Frauen, welche bereits nach sechs bis zwölf Monaten wieder in den Beruf einsteigen und schon morgens beim Eintreffen auf der Arbeit mehr organisiert haben als so manch anderer nach Abschluss eines ganzen Arbeitstages. Ihre Kompetenzen zur Organisation, Disziplin und geduldiger Führung sind für Unternehmen sehr wertvoll – und werden oft einfach abgetan oder ignoriert. Gleichzeitig schickt man andere Mitarbeitende für viel Geld und hohen zeitlichen Aufwand zu Management- und Führungsseminaren, um teils völlig ungeeigneten Menschen gewaltsam einzutrichtern, was man bereits im Unternehmen hat – aber nicht nutzt.

Für mich hat sich vor vielen Jahren die Frage gestellt, wie wir Mütter nach der Geburt ihrer Kinder schnell wieder zurück ins Unternehmen bekommen, und zwar so, dass es sich für beide Seiten gut anfühlt. In den Gesprächen wurde schnell klar: Der Wille zur Rückkehr nach sechs bis zwölf Monaten ist in den meisten Fällen vorhanden und stark ausgeprägt – unser gutes Arbeitsklima und die eigenen Entwicklungsmöglichkeiten unterstützen dies. Erschwert wird die Rückkehr jedoch durch die eingeschränkten Betreuungsmöglichkeiten – auch wenn angeblich genug Plätze für Kinder unter drei Jahren (U3) da seien, sieht das in der Realität anders aus. Gespräche mit anderen Unternehmen machten klar: Bei diesem Thema gibt es viele Bedenken. Die Suche nach einem U3-Platz sei Sache der Mitarbeitenden, man bemühe sich jedoch nach Kräften, das zu unterstützen – aber etwas Eigenes auf die Beine zu stellen, wäre zu aufwendig, das sei Aufgabe der Kommunen, allein die Auflagen und, und, und … Wie gut, dass sich unser Unternehmen von solchen Reden nicht davon hat abbringen lassen, unser Eulennest zu gründen. Lassen Sie sich in Kapitel 4 überraschen.

Bedenken – die schieben doch zu Hause nur 'ne ruhige Kugel

Homeoffice galt lange als schwierige Arbeitssituation. Überwiegend die „Entkoffeinierten-Hafermilch-Latte-macchiato-trinkenden-Start-up-Chefs" setzten nahezu komplett auf dieses Modell. In den meisten Unternehmen war es hingegen nicht gern gesehen und zumeist nicht erlaubt. „Wenn die zu Hause ‚arbeiten', sind sie doch alle nur abgelenkt, waschen Wäsche, bügeln und machen privaten Kram auf meine Kosten", waren da noch die harmloseren Erklärungen einiger Unternehmer. Fehlende Infrastruktur wurde zudem gern vorgeschoben, aber letztlich war und sind es doch die Bedenken: fehlende Kontrolle! „Was macht mein Mitarbeitender, wird Leistung erbracht?", „Wie sollen die Mitarbeitenden zu Hause arbeiten, wenn die Kinder da sind?"

Laut Statistischem Bundesamt lag der Anteil der Erwerbstätigen, die im Homeoffice gearbeitet haben, 2019 bei 12,8 %. Durch Corona wurden Arbeitgeber gezwungen, möglichst viele Mitarbeitende ins Homeoffice zu schicken oder besser „zu lassen": 2022 hatte sich der Anteil mit einem Wert von 24,2 % nahezu verdoppelt (24,8 % in 2021). Wenngleich der Wert über dem EU-Durchschnitt von 22,6 % lag, sind andere Länder wie die Niederlande (53,2 %), Schweden (45 %) und Finnland (40,6 %) uns immer noch weit voraus.[9]

Trotz positiver Erfahrungen hat sich die Haltung zu diesem Thema jedoch bei vielen Unternehmen kaum geändert. Sobald es rechtlich und organisatorisch möglich war, wurden die Mitarbeitenden zurück ins Büro bestellt. Zu groß waren die Bedenken und die Angst, keine oder zu wenig Kontrolle zu haben – da hatten die positiven Erfahrungen, unter anderem, dass die Mitarbeitenden durch den Wegfall des Arbeitsweges mehr gearbeitet haben, keine Chance. Schlechtere Arbeitsergebnisse zeigten sich nicht – hingegen deutlich mehr Engagement und Dankbarkeit für die gewonnene Flexibilität.

Gemäß einer Microsoft-Umfrage aus dem Jahr 2022 sagen 85 % der befragten Führungskräfte, dass sie aufgrund der Umstellung auf hybride Arbeitsformen nicht beurteilen können, ob ihre Mitarbeiter tatsächlich arbeiten. Dies habe zu einer „Produktivitätsparanoia“ geführt, bei der sich die Führungskräfte ständig Sorgen darüber machen, wie viel Arbeit tatsächlich von den Angestellten geleistet wird. Für diese Erhebung wurden von Microsoft zwischen Juli und August 2022 mehr als 20.000 Personen in elf Ländern, darunter den USA, Europa, Australien und Neuseeland, befragt.[10]

Nach dem Homeoffice-Boom kommt nun der Anwesenheitspflicht-Boom, siehe Zoom, Google und SAP. Wahrer Grund oder doch nur eine Ausrede: der Entgrenzungseffekt. Es sollen wieder eine stärkere Beziehung zum Unternehmen gefördert und – noch viel wichtiger – die Möglichkeiten zum persönlichen Kontakt geschaffen werden. Wahrheit oder Korsett?

Was sich vor allem durch Homeoffice und hybride Arbeitsmodelle verändert hat, war und ist die völlig andere Form der Führung. Der oberste Grundsatz der Kommunikation, schwierige Dinge persönlich zu klären, ließe sich kaum umsetzen. Bild und Ton könne das persönliche Gespräch nur unzureichend ersetzen, Teams würden auseinanderbrechen, Menschen vereinsamen und sich völlig zurückziehen. Aber diese Aussagen kamen erst viel später, als sich abzeichnete, dass Homeoffice im Großen und Ganzen eben doch funktioniert. Wie es scheint, passte das vielen nicht in den Kram. Vertrauen ist gut, Kontrolle besser! So lebt und führt es sich doch gleich viel einfacher. Oder?

Exkurs: Vertrauen

Paul J. Zak – Gründer und Direktor des Center for Neuroeconomics Studies, Professor für Ökonomie, Psychologie und Management an der Claremont Graduate University sowie CEO von Immersion Neuroscience – schrieb einen Gastbeitrag in dem Harvard Business manager Magazin zu dem Thema „Führung: Wem wir vertrauen“ (10/2020). Einige Passagen möchte ich hier zitieren:

„Vertrauen ist Grundvoraussetzung für die Weltwirtschaft – ohne Vertrauen wären die meisten Geschäfte unmöglich. Vertrauen ist auch ein Merkmal leistungsstarker Organisationen. Mitarbeiterinnen und Mitarbeiter von sogenannten High-Trust-Unternehmen sind produktiver, zufriedener mit ihrem Job, zeigen mehr Einsatzfreude, wechseln seltener den Arbeitgeber und sind sogar gesünder als Beschäftigte in Firmen mit schwacher Vertrauenskultur. Firmen, die bei ihren Kundinnen und Kunden Vertrauen stärken, werden mit größerer Treue und höheren Verkaufszahlen belohnt. Und Verhandlungsführer, die sich vertrauensvoll begegnen, werden eher profitable Abschlüsse machen. Obwohl Vertrauen in der Wirtschaft also eine zentrale Rolle spielt, waren die neurobiologischen Grundlagen bis vor Kurzem noch nicht eingehend erforscht. Im Laufe der vergangenen 20 Jahre haben Wissenschaftler herausgefunden, warum wir Fremden vertrauen, welches Führungsverhalten zu Vertrauensverlust führt und wie neurobiologische Erkenntnisse dazu beitragen können, das Vertrauen zwischen Kollegen zu stärken – ein Faktor, der Unternehmen signifikant erfolgreicher macht. [...]

Bevor wir jemandem vertrauen, insbesondere einem Menschen, den wir nicht kennen, erstellt unser Gehirn ein Modell davon, wie unser Gegenüber sich höchstwahrscheinlich verhalten wird und warum. Mit anderen Worten: Wir nutzen bei jeder Form von Zusammenarbeit sowohl ToM (Theory of Mind ist ein Fachbegriff der Psychologie für das Vermögen, mentale Zustände als mögliche Ursache eines Verhaltens zu verstehen, um eigene oder fremde Handlungen erklären und vorhersagen zu können) als auch Empathie. Und der andere macht intuitiv genau dasselbe mit uns. Menschen spielen demnach fortwährend ein gegenseitiges „Vertrauensspiel" miteinander: Sollte ich dir vertrauen? Und wie sehr vertraust du mir?

Im Arbeitskontext kommt zu diesem Vertrauensspiel ein weiterer Faktor hinzu: der Vorbildcharakter von Führungskräften. Als soziale Wesen folgen wir von Natur aus Anführern und ahmen ihr Verhalten nach. Durch den Einfluss, den sie somit haben, können sie Vertrauen auf zweierlei Art sabotieren: indem sie Angst schüren und indem sie Macht ausüben.

Angst ist ein ganz hervorragender Motivator, wenn es um kurzfristige Dinge geht, langfristig aber ein ausgesprochen schlechter. [...]

Dominanzverhalten wiederum verletzt die Menschen, die davon betroffen sind, im wahrsten Sinne des Wortes. Wenn der Chef herumstolziert und seine Untergebenen schikaniert, ist das nicht nur für den Moment demotivierend, sondern hat bleibende Wirkung. Neurowissenschaftliche Studien zeigen, dass Menschen soziale Zurückweisung in der Schmerzmatrix des Gehirns verarbeiten, und der Schmerz, den soziale Verletzungen hinterlassen, hält sich weit länger als der von körperlichen Blessuren wie etwa einem Schlag in die Magengrube. Darüber hinaus löst dominantes Verhalten Stress aus, der die Produktion von Oxytocin (Oxytocin hat bemerkenswerte Wirkungen auf Menschen. Erstens mindert es die Angst, die wir von Natur aus haben, wenn wir unter anderen sind. Und zweitens motiviert es uns, mit anderen zusammenzuarbeiten und einander zu helfen) hemmt und dadurch die Lust an der Zusammenarbeit mit anderen ebenso schwächt wie die Motivation, sich für die Unternehmensziele zu engagieren."[11]

„Vertrauen ist die stillste Form von Mut", sagt man. Fürchterlich, wenn dies von Führungskräften mit Füßen getreten wird. Aber mehr dazu in Kapitel 5.

Bedenken – ohne mich geht nichts

Kürzlich sah ich ein Buch mit dem Titel „Man muss auch mal loslassen können" von Monika Bittl. Unbestritten geht es in dem Buch um eine andere Thematik, aber der Titel ließ mich innehalten und darüber nachdenken.

Führungskräfte sind in dem Gedanken gefangen, dass ohne sie nichts geht. Sind sie nicht da, bricht alles zusammen. Das ist insoweit interessant, als dass eine Führungskraft doch immer bestrebt ist, genau DAS bei den Mitarbeitenden zu verhindern. Jede Qualifikation, jede Fertigkeit muss im Team mehrfach vorhanden sein – wenn der „Paule" krank ist, muss es trotzdem weitergehen können.

Betrachtet man die Veränderungen der Tätigkeiten und Verantwortung der Führungskräfte, ist offensichtlich, woran das liegt: Gegenüber früheren Aufgabenfeldern muss eine Führungskraft heute zusätzlich beispielsweise die Verantwortung für die Arbeitssicherheit tragen, die ihr im Rahmen der Pflichtendelegation vom Unternehmer übertragen wurde. Also Gefährdungsbeurteilungen erstellen und pflegen, Unterweisungen durchführen, arbeitsmedizinische Vorsorge planen und nachverfolgen, Betriebsanweisungen erstellen und aktualisieren und vieles mehr. Dazu kommen Managementsysteme, die Anforderungen aus den Blickwinkeln Qualität, Umwelt, Informationssicherheit usw. stellen. Auch hier wird von der Führungskraft verlangt, alles umzusetzen und die Mitarbeitenden „im Thema" zu halten. „Nebenbei" sind da noch viele produktive Aufgaben, Zielerreichungen, Bedienung von etlichen IT-Systemen, eine Flut von Mails, Anrufen und Telefonkonferenzen. In der Maiausgabe 2022 des Harvard Business managers stand, dass sich 70 % aller Führungskräfte erschöpft von der Fülle ihrer Sachaufgaben fühlen.[12]

Das Anforderungsprofil einer Führungskraft hat sich gewandelt – nicht aber die Art, wie Führungskräfte in ihre Positionen kommen. Zumeist ist es die „fleißigste Biene", die zur Führungskraft gekürt wird. Ein wirklich guter Mitarbeitender, der durch herausragende Leistungen auffällt. Führungskräfte kommen meist aus der Truppe. Sie bringen Fachwissen in der eigentlichen Arbeit der Mitarbeitenden mit, wollen sich beweisen und stecken viel Energie in die Rolle der Führungskraft. Dabei haben sie das klassische Bild im Kopf, das sie anstreben: Das Team arbeitet für den Erfolg der Führungskraft, die in diesem Prozess kontrollieren muss, dass alles funktioniert.

Aus meiner Sicht ist dies heute nicht mehr so. Die Veränderungen der Arbeitswelt in den vergangenen Jahrzehnten haben dazu geführt, dass sich auch die Führungsrolle verändert hat. Damit haben jedoch viele Führungskräfte und Unternehmer Schwierigkeiten und belassen alles beim Alten, was letztlich der Produktivität, dem Wohl der Beschäftigten und der Reputation des Unternehmens schadet.

Führungskräfte müssen heute für den Erfolg ihrer Teams arbeiten, vom Kontrolleur zum Coach werden, denn: Führen heißt, anderen zu helfen, erfolgreich zu sein.

Abschließen möchte ich dieses Korsett der Bedenken gern mit einem Zitat:

„Handeln ist der Sprung des Willens über den Schatten der Bedenken." Hans-Jürgen Quadbeck-Seeger[13]

Das Korsett der Vermeidungsziele

„Wer versucht, Unsicherheit zu vermeiden, vermeidet letztendlich nur Möglichkeiten." Sadhguru[14]

Ein extrem eng geschnürtes Korsett der German Angst ist unser anerzogenes Denken in Vermeidung. Ich erlebe das an mir selbst, wenn ich mit meinen Kindern spreche. Wenn ich nicht wirklich bewusst darauf achte, denke ich in Vermeiden. „Spring nicht da runter, du könntest dir wehtun." „Fass das nicht an, du könntest dich schneiden." „Nicht naschen, du verbrennst dir sonst den Mund." Im Privatleben erwische ich mich bei jedem fünften, sechsten Satz dabei, dass ich erzieherisch in der Vermeidungsposition stehe. Im Berufsalltag fällt es mir, warum auch immer, deutlich leichter, risikofreudiger zu sein und aus dem Bauch heraus zu agieren. Aber bleiben wir bei dem Beispiel der Kindererziehung. Was passiert mit dem Nachwuchs, wenn wir ihm schon vorher alles verbieten, nur aus der Angst heraus, es könnte etwas geschehen? Folgenschwere Dinge manifestieren sich unbewusst: Sie lernen, Angst zu haben, sie lernen, möglichen Gefahren aus dem Weg zu gehen, sie lernen, dass für sie entschieden wird, sie lernen, keine eigenen Erfahrungen zu machen usw. Zeit für einen weiteren kleinen psychologischen Exkurs.

Exkurs: Lernpsychologie

„Die Lernpsychologie beschäftigt sich mit den psychologischen Vorgängen des Lernens und verwandten kognitiven Prozessen, letztlich wie Menschen oder Tiere Informationen erwerben, verarbeiten und speichern."[15] Ich möchte Ihnen an dieser Stelle drei Lerntheorien vorstellen:

Die klassische Konditionierung

Klassisches Konditionieren setzt natürliche, unbedingte Reflexe oder reflexartige Reaktionen voraus. Beispielgebend ist das Experiment mit dem pawlowschen Hund. Der neutrale Reiz (Glockenton) wird zum bedingten Reiz (Hund sabbert), ein bedingter Reflex ist ausgebildet. Wenn uns jemand mehrmals geärgert hat, dann genügt oft sein Anblick oder die Nennung seines Namens, um wieder Missstimmungen auszulösen. Wir lernen also durch klassisches Konditionieren, gefühlsmäßige Reaktionen auf neutrale Reize zu übertragen.

Das operante Konditionieren – oder auch: Lernen am Effekt

„Das Verhalten wird maßgeblich bestimmt durch seine Konsequenzen", so Burrhus Frederic Skinner, US-amerikanischer Psychologe und der prominenteste Vertreter des Behaviorismus in den Vereinigten Staaten.

„Modelle lehren uns neue Verhaltensweisen; Erfolge lehren uns, Verhaltensweisen einzusetzen!"[16] Wie sehen diese Erfolge aus? Hans-Peter Nolting – deutscher Psychologe, Autor und emeritierter Professor für Pädagogische Psychologie an der Georg-August-Universität Göttingen – fokussiert sich in seinem Buch „Lernfall Aggression" auf sechs wesentliche Punkte, die als Erfolg für eine Verhaltensweise angesehen werden können:

1. Durchsetzung und Gewinn,
2. Beachtung und Anerkennung,
3. Abwehr, Verteidigung, Schutz (1.–3. sind äußere Effekte wie Erfolg und Nutzen),

4. Selbstbewertung,
5. Gerechtigkeitserleben,
6. Stimulierung (4.–6. sind innere Effekte wie emotional und kognitiv).

Die Erreichung des Effektes oder des Erfolges hat eine Nachwirkung. Sie bildet eine Verhaltensdisposition für künftige Situationen aus – das ist der Lernaspekt in dem Geschehen. Die Lerntheorie ist hier also in gewisser Weise zugleich eine Motivationstheorie. Aber: Durch operantes Konditionieren lernt man nur sehr mühsam neue Verhaltensweisen. Meist lernt man auf diese Weise vornehmlich, Verhalten regelmäßig in bestimmten Situationen zu zeigen oder zu unterlassen. Wirklich neue Verhaltensweisen entstehen entweder spontan oder durch Beobachtung anderer.

Lernen am Modell

In diesem Zusammenhang ist besonders Albert Bandura zu nennen. Für ihn bedeutet Lernen die Veränderung personaler Dispositionen aufgrund von Erfahrungen.[17] Durch Beobachtung können sehr schnell und einfach Verhaltensweisen gelernt werden, die der betreffende Mensch zuvor nicht ausführen konnte. Eine Person erwirbt Verhaltensweisen, die für sie neu sind.[18]

„Es hat keinen Sinn, Kinder zu erziehen, sie machen sowieso alles nach."
Karl Valentin

Modelle begegnen uns überall. Familie, Lehrer, Fernsehen, Clique, Bücher, Comics ... Eltern und Lehrer sind besonders wirksame Modelle, da sie nicht nur häufig für die Kinder zu sehen sind, sondern auch, da sie Personen mit Macht und hohem Status sind.

Für die Nachahmung von Verhalten anderer ist der Erfolg wichtig. Ist das Modell erfolgreich, so werden auch beim Beobachter Erfolgserwartungen geweckt und das Verhalten wird leichter nachgeahmt. Nicht nur einzelne erfolgreiche Handlungen, auch erfolgreich erscheinende Personen begünstigen die Nachahmung. Und hier schließt sich der Kreis zum Unternehmerbuch, denn auch Vorgesetzte sind „Modelle" im Sinne der Lerntheorie.

Vermeidung und German Angst sind zwei eng verbundene Begriffe, die uns täglich begleiten. Wie erleben wir Manager und Führungskräfte, Politiker oder Eltern im Alltag?

Oben aufgeführte Befragung in der Maiausgabe 2022 des Harvard Business managers ergibt folgendes Ergebnis: „Fast jeder Dritte nennt die fehlende Lernerfahrung als Hindernisgrund für Mut. Noch stärker als bei der negativen Erfahrung sind hier vor allem gesellschaftliche Gründe von Bedeutung. Von der familiären und schulischen Sozialisation ausgehend, über fehlende Möglichkeiten bei der studentischen oder beruflichen Ausbildung bis hin zum Berufsalltag beladen, beklagen gerade Jüngere, dass sie kaum Kenntnisse und Strategien kennengelernt und Chancen erhalten haben, mutiges Verhalten zu erlernen oder auch auszuprobieren. Dabei bieten sich in diesen Bereichen zahlreiche Optionen an, bietet die familiäre und schulische Lebenswelt doch einen geschützten Rahmen, innerhalb dessen relativ risikoarm bestimmte mutige Verhaltensweisen, wie Zivilcourage und Eigenverantwortung oder auch kühne Projekte, erlernt, initiiert und durchgeführt werden könnten. Derart gewappnet, gestärkt durch positive Rückmeldungen, Erfahrungen und Erfolge könnten schon Jugendliche lernen, Risiken zu kalkulieren und mögliche Rückschläge oder Misserfolge als Ansporn zu nehmen und eine Kultur zu verinnerlichen, die mutiges Vorgehen belohnt und Fehler und Risiken nicht nur negativ besetzt, sondern viel mehr als Lernprozess und Wissensvorsprung für zukünftige Entscheidungen begreift.“[19] Den Ausführungen von Prof. Dr. Ulrich Reinhardt stimme ich vollkommen zu.

Welche Art von Zielen setzen wir uns und unseren Mitarbeitenden? Einmal darauf aufmerksam geworden, fällt schnell auf: Kaum eines unserer Ziele ist ein Erreichungsziel – und Vermeidungsziele kosten so viel mehr Energie. In Kapitel 5 gehe ich detailliert auf Erreichungsziele ein. Eine Einstellung, die für Stabilität und Zukunft sorgt.

Das Korsett der Verschleppung von Entscheidungen

Besonders die letzten drei Jahre haben ein Element der German Angst drastisch befeuert: die Entscheidungslosigkeit. Waren die Deutschen schon vorher bekannt für ihre Zurückhaltung in Entscheidungen, so haben Pandemie, Krieg und Energiekrise dem Entscheidungsunwillen den finalen Stoß gegeben. Wie im Nebel fährt man auf Sicht und wartet ab, was passiert. Vielleicht kommt ja der selbstlose Held vorbei, der einem die Entscheidungen abnimmt. Ein romantischer Wunsch – die Realität sieht jedoch weit weniger beschaulich aus: eine gelähmte Wirtschaft, halt- und orientierungslose Mitarbeitende, zerstörende Passivität.

Dazu kommt eine weitere Entwicklung. Während die älteren Generationen in wirtschaftlich anspruchsvollen Zeiten aufgewachsen sind und Entscheidungen weitreichende Konsequenzen haben konnten, sind jüngere Generationen in einer scheinbar grenzenlosen, aber sozial gut abgesicherten Konsumgesellschaft aufgewachsen. So schön die „Alles ist möglich"-Welt auch ist – die daraus entstehenden Konsequenzen bringen auch Sorgen mit sich. Gerade aus Sicht der Älteren entsteht der Eindruck, dass es der jüngeren Generation an Haltung, eigener Meinung und der Konsequenz, diese durchzusetzen oder dazu zu stehen, fehlt.

„Das Schlimmste in allen Dingen ist die Unentschlossenheit." Napoleon

Eine nicht getroffene Entscheidung ist meiner Erfahrung nach meist teurer als eine schnell getroffene, aber im Nachhinein „falsche" Entscheidung. Dennoch überwiegt bei vielen Entscheidern die Angst. Unser Umfeld wird komplexer, die Parameter ändern sich ständig und es fällt oft schwer, die Tragweite der Entscheidungen abzuschätzen. Um falsche Entscheidungen zu vermeiden, wird auf Fakten gewartet – oft zu lange.

„Verantwortlich ist man nicht nur für das, was man tut, sondern auch für das, was man nicht tut."[20]

… sagte bereits Laotse vor über 2.500 Jahren. Wir können uns nicht nicht entscheiden. Selbst wenn wir uns nicht entscheiden, haben wir uns doch entschieden: für die Unentschiedenheit. Walter Kohl beschreibt dies sehr treffend in seinem Buch „Was uns wirklich trägt", welches er gemeinsam mit Pater Anselm Grün veröffentlichte:

„Wir müssen akzeptieren, dass Fehlentscheidungen zu unserem Leben dazugehören. Aber ist es dann besser, nicht zu entscheiden, einfach zu warten? Manchmal vielleicht schon. Aber auch Aussitzen und Passivität bergen ihre Risiken. Denn dann besteht die große Gefahr, dass jemand anderes oder die Umstände über uns entscheiden. Wer keine Entscheidungen trifft, über den

wird entschieden, leicht auch zu seinen Ungunsten. Denn warum sollten andere Entscheider auch unsere Belange berücksichtigen? Sie vertreten ihre eigenen Interessen und nicht die unseren. Deshalb ziehe ich es vor, selbst zu entscheiden, statt zu erleben, dass von anderen über mich entschieden wird und ich somit fremdbestimmt werde.“ [21]

Nicht gerade charmant, aber dennoch sehr treffend formulierte es Kant:

„Faulheit und Feigheit sind die Ursachen, warum ein so großer Teil der Menschen gerne zeitlebens unmündig bleiben; und warum es anderen so leicht wird, sich zu deren Vormündern aufzuwerfen. Es ist so bequem, unmündig zu sein.“[22]

Exkurs: Managementkrankheit „Aufschieberitis“

„Die schwerste sportliche Disziplin ist der Sprung über den eigenen Schatten.“ [23] *Gerhard Uhlenbruck*

Dinge aufzuschieben ist eines unserer heimlichen Laster und sicher der Komfortzone zuzuschreiben. Letzten Endes bezahlen wir teuer dafür, da wir enorm in Stress geraten, wenn wir die Dinge immer auf den letzten Drücker erledigen.

Fünf Gründe, etwas aufzuschieben:[24]

Selbstgefälligkeit

Das ist nicht weiter schwer, das erledige ich nebenbei.

Das dauert nicht lange, das kann ich später immer noch machen.

Ich weiß, was ich tun muss, also ist die Sache so gut wie erledigt.

Dieses Verhalten bzw. diese Einstellung geht häufig mit Faulheit oder Desinteresse einher. Was selten zum ersehnten Erfolg führt ... In Äsops berühmter Fabel „Die Schildkröte und der Hase“ ist sich der Hase seines Sieges über die Schildkröte derart gewiss, dass er sich erst einmal hinlegt und schläft. Mit dem Ergebnis, dass ihn die Schildkröte überholt. Daher: Ist die Aufgabe relativ simpel, sollte sie einfach sofort erledigt werden.

Angst vor Unannehmlichkeiten

Das macht mir einfach keinen Spaß.

Das dauert ja ewig.

Das ist wirklich unangenehm, ich mach das später.

Man hat einfach keine Lust dazu, die Aufgabe zu erledigen. Die Möglichkeit, die Aufgabe in leicht verdauliche Einzelaufgaben zu zerlegen, kann diesen Zwiespalt lösen. Kleiner Tipp: Jeden Tag etwas Unangenehmes erledigen. Sie werden positiv überrascht sein, wie viel mehr täglich abgehakt werden kann. Und schon bald gibt es weniger frustrierende Dinge, die auf Sie warten.

Versagensangst

Ich bekomme das sowieso nicht anständig hin.

Das habe ich schon mal verbockt, ich werd's bestimmt wieder verbocken.

Das ist ein großer Schritt, ich fürchte, ich werde scheitern.

Versagensangst hat nichts mit Versagen zu tun, sondern mit Angst. Erfolgreiche Menschen machen viele Fehler, sie haben aber keine Angst davor. Der Psychologe Albert Bandura vertritt die Auffassung, dass erfolgreiche, entscheidungsfreudige Menschen auch deshalb erfolgreich und entscheidungsfreudig sind, weil sie daran glauben. Und wenn Menschen denken, sie seien nicht erfolgreich und entscheidungsfreudig, wird das auch irgendwann so sein. Wir erinnern uns – Denken ist ein auditiver Prozess.

Emotionale Blockaden

Ich bin jetzt einfach zu müde/gestresst/aufgeregt.

Ich bin gerade nicht in Stimmung.

Ich habe im Moment keine Lust.

Auf den perfekten Moment zu warten, hat einen Haken: Er kommt nie!

Blinder Aktionismus

Ich bin total beschäftigt, also muss ich Fortschritte machen.

Niemand weiß zu schätzen, wie viel ich tue.

Es gibt so viel zu erledigen, ich muss weitermachen.

Der Aktionsillusionist erstellt lieber aufwendige Lehrpläne oder To-do-Listen, als sich ernsthaft mit der Aufgabe zu beschäftigen, und weiß am Ende gar nicht, wo die Zeit geblieben ist. Er verwendet in aller Regel mehr Zeit und Energie darauf, die Arbeit nicht zu machen, als sie eigentlich für deren Erledigung brauchen würde.

Falls Sie sich an einer der Stellen wiedererkennen, nochmal die Erinnerung, dass Aufschieberitis nicht angeboren ist, sondern lediglich eine schlechte Gewohnheit und demnach wieder verlernt werden kann.

Ich erwähnte es bereits: Wenn Mitarbeitende keine Entscheidungen treffen, können sie auch keine Fehler machen – was gut klingt, ist ein großes Problem. Wer keine Entscheidungen trifft, bremst mit voller Energie das Wachstum und die Entwicklung des Unternehmens. Und so bleiben Unternehmen in vielen Bereichen einfach stehen. Aufkommende Motivation zu eigenen Entscheidungen wird wirksam bekämpft. In der Hierarchie finden sich genug Besetzungen, die solch zarte Pflänzchen erkennen und bewusst zertreten. Wieder ein Effekt, der aus German Angst heraus entsteht – und zur Lähmung im Unternehmen führt.

Ich kenne Unternehmen, die patriarchisch geführt werden und wurden. Sehr erfolgreich. Aber mit der Konsequenz, dass es außer ganz oben keine Entscheidungen auf irgendeiner Führungskräfteebene gibt. Ich bewundere solche Menschen, deren Leben geprägt ist von Entscheidungen und dem Wissen, dass nur ein Teil der Entscheidungen richtig ist.

Für einen Unternehmer gehört es zum Alltag, viele Entscheidungen schnell zu treffen – in der Regel in dem Wissen, dass keine Entscheidung die einzig wirklich falsche Entscheidung ist. In einem Unternehmen aber alle Entscheidungen selbst treffen zu wollen, halte ich für problematisch. Mitarbeitende und Führungskräfte brauchen einen Rahmen, in dem sie eigene Entscheidungen treffen können und auch Fehler machen können und dürfen – ein wichtiger Aspekt zur

Weiterentwicklung. Und in meinen Augen ein wichtiger Faktor für die Zukunftsfähigkeit des Unternehmens selbst.

„Es ist besser, unvollkommene Entscheidungen durchzuführen, als beständig nach vollkommenen Entscheidungen zu suchen, die es niemals geben wird."
Charles de Gaulle

Das Korsett der „falschen" Fehlerkultur

Fehlerkultur – ich sprach es gerade schon an. Für viele ein problematisches Wort – als ob man Fehler kultivieren könnte. Ob man sich dafür nun etwas „Moderneres" ausdenkt oder nicht: Wir besetzen das Wort negativ, weil wir das Wort „Fehler" negativ besetzen. Für mich ist es bis heute oft schwer nachzuvollziehen, warum sich Mitarbeitende in bestimmten Situationen nicht getraut haben, eine Entscheidung zu treffen – vor allem, da ich selbst völlig anders „ticke". Ich mache gern Fehler – jeder Fehler verschafft mir die Chance, wieder etwas zu lernen, mich zu verbessern und weiterzuentwickeln, wenn die Ursache erkannt ist. Genau das versuche ich meinen Mitarbeitenden beizubringen und vorzuleben – Tag für Tag.

Gerade neue Mitarbeitende, die aus anderen Unternehmen zu uns kommen, sind es offenbar gewohnt, in ständiger Angst vor Fehlern zu leben. Auch jüngere Menschen, die erst in den Berufsalltag einsteigen, reagieren auf unsere offene und menschliche Fehlerkultur erst einmal völlig irritiert. Woran liegt das?

Wir leben in einer Gesellschaft, deren einziges Ziel bzw. das höchste Ziel Erfolg ist. Versagen oder Scheitern ist weder vorgesehen noch akzeptiert. In den Medien wird uns das perfekte Bild des Menschen suggeriert, Kinder wachsen schon mit Idealen auf, die sie im Grunde niemals erfüllen können. Je entfernter und unerreichbarer das gesetzte Ziel ist, desto größer wird die Angst vor dem Scheitern. Und wenn das Scheitern dann auch noch stigmatisiert ist, wird eine vernünftige Fehlerkultur ausgeschlossen.

Kleiner Einwurf: Aus mitunter diesen Gründen werden die Bundesjugendspiele in der Grundschule von einem Wettkampf hin zu einem Wettbewerb reduziert ...

Studien belegen, dass wir mutigen Menschen neben Selbstbewusstsein, Übernahme von Verantwortung, Widerstandsfähigkeit, Standhaftigkeit, Optimismus und dem Willen zu Veränderungen vor allem die Bereitschaft zu scheitern (71 %) zuschreiben.[25]

Gleichzeitig geben aber auch 53 % der Befragten an, dass sie keine mutigen Entscheidungen treffen, weil sie Angst vorm Scheitern haben, und ebenso viele, dass sie keine Verantwortung übernehmen wollen.[26]

Wir agieren in unserem Alltag unbewusst so, dass wir keine Fehler zulassen. Gleichzeitig sind wir frustriert, dass Menschen weder Verantwortung übernehmen noch Entscheidungen treffen wollen.

Ein Beispiel: Ein Mitarbeiter von uns hat sich verletzend und respektlos verhalten. Nicht nur einmal aus einem „schlechten Tag" heraus, sondern immer wieder. Ein klares Fehlverhalten. Unser Unternehmen lebt unsere Werte aus vollstem Herzen, ein respektvoller Umgang zählt dabei zu den Grundlagen. Die zuständige Führungskraft war aufgefordert, tätig zu werden. Über ein halbes Jahr wurde dieses Thema konsequent verschleppt, vertagt, kleingeredet. Unsinnige Sofortmaßnahmen, Erklärungsversuche, Ausflüchte. Von außen betrachtet konnte ich nicht erkennen, warum. Erst nach dem Setzen eines Ultimatums fiel der Vorhang: Angst. Die Führungskraft hat sich das Konfliktgespräch in den schillerndsten Farben ausgemalt, alle nur denkbaren furchtbaren Szenarien intensiv durchlebt und sich dabei völlig von der Angst lenken lassen. „Und wenn er dann kündigt, wenn ich ihm sage, dass er sich da nicht richtig verhält?" Völlig unbegründet. Der Mitarbeiter hatte die Kritik angenommen und es lief danach besser, als man es sich vorstellen konnte. Wo blieb da eine gesunde Fehlerkultur? Jemand macht einen Fehler und alle schauen zu – den Fehler spricht aber keiner an, aus Angst vor möglichen Konsequenzen. Das ist keine falsche Fehlerkultur, es ist schlicht gar keine.

Ich möchte Ihnen die neueste Studie von Ernest Young nicht vorenthalten. An der Studie „Fehlerkultur Report 2023" nahmen 800 Angestellte und 200 Führungskräfte aus den Branchen Maschinenbau, Transport und Logistik, Automobilhersteller und -zulieferer sowie Banken und Versicherungen teil. Durchgeführt wurde die Studie in Kooperation mit der ESCP Business School und der Hochschule Hamm-Lippstadt.

Charaktereigenschaften eines mutigen Menschen

Von je 100 Befragten sagen, dass sie einen mutigen Menschen durch folgende Eigenschaften charakterisieren:

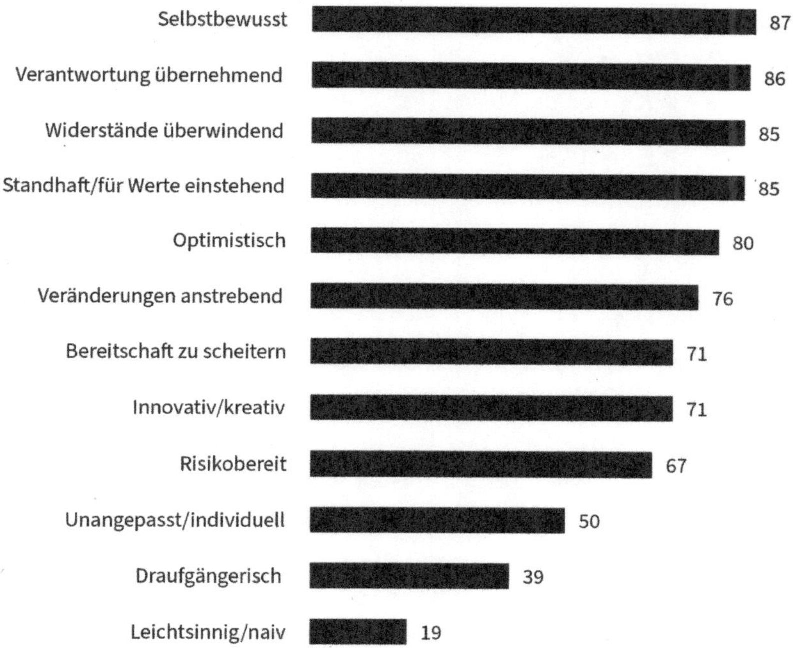

Folgende Ergebnisse kamen (in Stichpunkten) heraus:[27]

- 64 % der befragten Führungskräfte haben in den vergangenen zwei Jahren eigene Fehler gar nicht oder nur teilweise zugegeben.
- Besonders alarmierend ist der Wert in der Finanzbranche. Hier haben 82 % der Führungskräfte ihre Fehlschläge vollständig oder teilweise unter den Teppich gekehrt.
- Laut 50 % der Führungskräfte gefährdet eine mangelnde Fehlerkultur die Innovations- und Wettbewerbsfähigkeit der Unternehmen.

Als Hindernisse für den konstruktiven Umgang mit Fehlern sehen Führungskräfte vor allem:

- alte Gewohnheiten (50 %),
- Angst vor Gesichtsverlust (48 %) und
- fehlendes unternehmerisches Denken der Mitarbeiter (38 %) – wie soll das bei fehlerverleugnenden Vorbildern funktionieren?

Die Hauptgründe, aus denen Führungskräfte nicht zu ihren eigenen Fehlern stehen:

- Sorge vor Karrierenachteilen (43 %) und
- Angst vor Jobverlust (34 %).

Analysiert nach Branchen zeigt sich, dass die Sorge vor Karrierenachteilen insbesondere in der Finanzwirtschaft und der Fertigung hoch ist (jeweils 58 %).

Diese Zahlen stehen im Widerspruch zu weiteren Ergebnissen der Studie:

- Führungskräfte und Angestellte sind vom großen Wert einer positiven Fehlerkultur in den Unternehmen überzeugt.
- Auf einer Skala von 1 bis 10 vergeben die befragten Angestellten hohe Werte von 8,1 bis 9,3 für die Relevanz eines proaktiven und konstruktiven Umgangs mit Fehlern durch Vorgesetzte.
- Besonders relevant sind aus Sicht der Angestellten das Zugeben eigener Fehler (63 %), das direkte Beheben von Fehlern (52 %) sowie die Ermutigung zu einem regelmäßigen Austausch über Fehlschläge (49 %).

Ich finde diese Zahlen mehr als alarmierend.

Ein Unternehmen hat nur dann eine (gute) Fehlerkultur, wenn alle eine (gute) Fehlerkultur leben. Von oben nach unten, angefangen beim Geschäftsführer bis runter zum einzelnen Mitarbeitenden. Wenn in der Kette die Mentalität herrscht: „Fehler kann/darf es nicht geben“, scheitert alles. Fehler gehören zu unserem Alltag. Sie sind elementarer und wichtiger Teil unserer Weiterentwicklung – sie zu verbannen, bedeutet nicht nur Stillstand, sondern Rückschritt. Hierzu ein kleiner Exkurs:

Exkurs: Kaizen

Ausgangspunkt für die Entstehung der Kaizen-Bewegung in Japan war das Image mangelhafter Qualität japanischer Produkte auf dem Weltmarkt zu Beginn der 1960er-Jahre, aber auch die Erkenntnis, dass jede Art von Leben – sei es das Arbeitsleben, das soziale Leben oder das häusliche Leben – einer ständigen Verbesserung bedarf.[28] Kaizen, zusammengesetzt aus den japanischen Silben „Kai" (Veränderung) und „zen" (gut, zum Besseren), verlangt von jedem in der Organisation die Bereitschaft zur permanenten Infragestellung und Verbesserung seiner Leistung. An dieser Stelle sollen in Form von Schlagworten einige der Grundgedanken von Kaizen verdeutlicht werden:

Kaizen geht von der Erkenntnis aus, dass es keinen Betrieb ohne Fehler gibt. Kaizen löst diese Probleme durch die Etablierung einer Unternehmenskultur, in der jeder ungestraft das Vorhandensein von Problemen eingestehen kann.[29] Die Kaizen-Strategie beruht auf der Erkenntnis, dass ein Management, welches im Geschäft bleiben und Gewinne erwirtschaften will, den Kunden zufriedenstellen und dessen Anforderungen erfüllen muss. Kaizen ist eine kundenorientierte Verbesserungsstrategie. Kaizen implementiert ein prozessorientiertes Denken. Dies bedeutet für die Mitarbeitenden, dass sie in ihren prozessorientierten Bemühungen unterstützt und anerkannt werden. Im Vergleich hierzu sei gesagt, dass in Deutschland die Leistung der Mitarbeitenden anhand von Ergebnissen beurteilt wird und nicht ihre Bemühungen zur Veränderung honoriert werden.[30] Vielleicht ist dies der Punkt, weshalb viele Mitarbeitende unmotiviert arbeiten und keine Verbesserungsvorschläge abgeben.

Unter dieser Prämisse versteht sich Kaizen als eine Philosophie mit wenig spektakulären, dafür kontinuierlich durchgeführten Verbesserungen mit geringem Risiko. Notwendige Voraussetzung für das Verständnis dieser Philosophie ist die Bereitschaft, Veränderungen als selbstverständlich zu akzeptieren und nicht wie in den westlichen Ländern oft denkküblich am Gewohnten, vielleicht auch Bewährten festzuhalten. Diese motivationale Brisanz wird deutlich, wenn man, vor dem Hintergrund ständig wechselnder Ziele und Umfeldbedingungen, Fehler nicht als Aufforderung zur Verbesserung, sondern als Vorwurf an die Vergangenheit interpretiert.

„Fehler müssen als Chance verstanden werden." Während heute vielerorts Fehler negativ angesehen und dementsprechend kaschiert werden, setzt Kaizen an der bewussten Aufarbeitung des Fehlers an und versucht, nicht nur Symptome zu kurieren, sondern die Ursachen so zu verändern, dass eine präventive Fehlervermeidung, eine Verbesserung erfolgt. Masaaki Imai: „Einen Fehler einmal zu machen ist normal, ihn zweimal zu machen ist töricht."

Jede Generation hat ihre eigene Sicht auf „Fehler"

Mitarbeitende fühlen sich oft unsicher und ängstlich, wenn es um das Eingehen von Risiken und das Zulassen von Fehlern geht. Diese Angst kann zu einer lähmenden Atmosphäre führen, in der Innovation, Kreativität und Wachstum gehemmt werden. Der Umgang mit Fehlern unterscheidet sich jedoch massiv je nach Generation.

Die **Generation der Babyboomer**, die derzeit in Unternehmen noch stark vertreten ist, aber zunehmend aus der Arbeitswelt scheidet, wurde stark durch die mittlerweile in Rente gegangene Stille Generation geprägt. Sie sind es gewohnt, autoritär geführt zu werden, Strukturen einzuhalten und zu Fehlern zu stehen, sie wieder wettzumachen, auch mit viel persönlichem Einsatz – und daraus zu lernen.

Dagegen steht die **Generation Z**, die von Unsicherheit und Angst geprägt aufgewachsen ist und durch den starken „Ich-Bezug" eher dazu neigt, Fehler „unter den Teppich zu kehren". Für jemanden, der wohlbehütet aufwächst und über den die Eltern immer schützend die Hand gehalten haben, ist das eine normale Reaktion. Zudem ist ihr Leben durch die absolute Kurzlebigkeit geprägt – dass Handlungen langfristige Konsequenzen haben, passt oft nicht in ihr Weltbild.

In der Konsequenz bedeutet dies, dass es eine große Herausforderung darstellt, eine gute Fehlerkultur durch alle Bänke hinweg zu etablieren. So unterschiedlich die Sichtweisen darauf sind, so unverständlich sind die Reaktionen der jeweils anderen Seite. Ein wunderbarer Nährboden für Konflikte.

Einen Überblick über die Generationen, die derzeit in Unternehmen miteinander arbeiten, habe ich im Exkurs einige Seiten weiter hinten zusammengefasst.

Die Angst vor Fehlern führt zu …

… risikoscheuem Status-quo-Denken.

Die Angst vor Fehlern führt dazu, dass Mitarbeitende lieber auf bewährte Methoden und bekannte Wege setzen, anstatt neue Ideen und Ansätze zu verfolgen. Die Innovationsbereitschaft wird erstickt, da das Festhalten am Bekannten als sicherer und risikoärmer wahrgenommen wird.

… mangelnder Kreativität und Problemlösungsfähigkeit – dafür Innovationshemmung und Wettbewerbsnachteilen.

Die zuvor genannte Angst begrenzt offenes Denken der Mitarbeitenden und verhindert, dass sie innovative Ideen einbringen oder bestehende Probleme auf neue Art und Weise angehen. Die Folge: Das Unternehmen bleibt hinter der Konkurrenz zurück, die Fortschritte und Anpassungsfähigkeit des Unternehmens werden beeinträchtigt, da es nicht in der Lage ist, sich schnell genug den sich verändernden Marktanforderungen anzupassen.

… fehlendem Vertrauen und mangelnder Offenheit.

Die Angst vor Fehlern führt oft zu einem Mangel an Vertrauen zwischen den Mitarbeitenden und zwischen Mitarbeitenden und Führungskräften. Die Unsicherheit darüber, wie Fehler wahrgenommen und behandelt werden, erschwert die offene Kommunikation und den Wissensaustausch. Die Zusammenarbeit und Zusammengehörigkeit im Team können darunter leiden.

Ich glaube, wir leben in unserem Unternehmen eine sehr gute Fehlerkultur, was sich insbesondere immer wieder dann bestätigt, wenn wir einen neuen Mitarbeitenden aus einem anderen Unternehmen bei uns willkommen heißen dürfen. Die meisten sind nicht in der Lage, eigene Entscheidungen zu treffen. Wenn sie auch nur den Hauch einer eigenständigen Entscheidung treffen sollen, ziehen sie sofort den Kopf ein, den Helm auf und warten, dass es knallt. Sie haben eine riesengroße Angst, etwas falsch zu machen. Mich berührt es zutiefst, wie durch falsches Führungsverhalten aus souveränen Erwachsenen unmündige Angestellte werden. Wir drehen den Spieß um und geben ihnen den Mut zur eigenen Entwicklung zurück.

Mit diesen Erfahrungen aus meinem eigenen Unternehmen irritiert mich stets die Frage, die sich viele Unternehmer stellen: „Was hindert meine eigenen Leute daran, so selbstständig zu sein, wie ich es von denen erwarte?“ Da möchte man gern antworten: „Wie oft möchten Sie frei entscheiden, wenn Sie dafür jedes Mal einen auf den Deckel bekommen?“

Erfahren Sie in Kapitel 5, welche Kompetenzen Sie als Führungskraft im Bereich der Fehlerkultur ausbauen können und welche kritischen Fragen Ihre Persönlichkeit betreffend – Kapitel 3 – dabei unterstützen.

Das Korsett der Generationen

Das Thema der Generationen ist gigantisch. Mittlerweile treffen in Unternehmen vier bis fünf verschiedene Generationen aufeinander. Da prallen sprichwörtlich Welten aufeinander. Aber auch der Generationswechsel an der Spitze von Unternehmen birgt so manches Korsett.

Exkurs: Unterschiedliche Werte – unterschiedliche Bedürfnisse – unterschiedliche Ängste

Insgesamt befinden sich derzeit fünf Generationen auf dem Arbeitsmarkt.

- Stille Generation bzw. Traditionalisten (1922–1945). Da diese Generation nur noch einen sehr kleinen Teil ausmacht, werde ich sie im Folgenden außen vor lassen, auch wenn ich ihr höchsten Respekt zolle.
- Babyboomer (1946–1964)
- Generation X (1965–1979)
- Generation Y bzw. Millennials (1980–1993)
- Generation Z (1994–2009)

Was macht diese Generationen aus? Wofür stehen sie? Welche Ängste haben sie? Es gibt etliche unterschiedliche Definitionen der Generationen mit sich überschneidenden Zuordnungen. Zudem halte ich eine Generalisierung für schwierig: Nicht jeder im genannten Zeitraum geborene Mitarbeitende zeigt die angegebenen Charakteristika. Dennoch hilft es, Konfliktpotenzial zu erkennen. Ich werde in den folgenden Kapiteln immer mal wieder auf die verschiedenen Generationen zu sprechen kommen. Die Informationen habe ich aus unterschiedlichen Quellen zusammengezogen:[31] [32] [33]

	Babyboomer	**Generation X**	**Generation Y**	**Generation Z**
Jahrgänge	1946–1964	1965–1979	1980–1993	1994–2009
Stärken	Charakterisiert als Workaholics, die lange Wochen und Überstunden in Kauf nehmen. Sie engagieren sich mehr für ihre Rollen als jede andere Generation.	Die meisten Unternehmen (70 %) glauben, dass Gen X die insgesamt besten Arbeitskräfte hervorgebracht hat.	Gelten als die unabhängigsten Arbeitnehmer.	Die technisch kompetenteste Generation, können neue Entwicklungen schneller aufgreifen.
	53 % geben an, gut mit anderen zusammenarbeiten zu können.	Engagieren sich dafür, Arbeit und Familienzeit in Balance zu bringen.	Befassen sich mit Ethik und der sozialen Verantwortung der Organisation, für die sie arbeiten.	Besonders ehrgeizig. Konzentrieren sich jedoch auf ihre eigenen persönlichen Ziele und Selbstverwirklichung.
	Gelten als hervorragende Mentoren für ihre Kollegen und Junioren in der Organisation.	Bevorzugen Organisationen, die eine gute Work-Life-Balance bieten.	Sie sind mit der Beschaffung von Informationen aufgewachsen, mussten ihre eigenen Prozesse erstellen, anstatt genau gesagt zu bekommen, was zu tun ist.	72 % möchten ihr eigenes Unternehmen gründen.
		Größter Umsatz bei der Personalkennzahl „Umsatz pro MA".	Gen „Why", weil sie immer nach dem Sinn und Zweck fragen.	Die „Always on"-Generation kann Multitasking wie keine andere Generation mit bis zu fünf Bildschirmen gleichzeitig.

	Babyboomer	Generation X	Generation Y	Generation Z
Jahrgänge	1946–1964	1965–1979	1980–1993	1994–2009
Schwächen	Bevorzugen Struktur und Disziplin und sind weniger geneigt, Veränderungen zu begrüßen.	Weniger als 40 % der Gen X sind mit der Geschäftsleitung in ihrer Organisation zufrieden.	Nicht so sehr an Teamarbeit interessiert wie andere Generationen.	Gelten als zynischer als ihre Vorgänger und bevorzugen eine realistische Sichtweise gegenüber dem Idealismus der Gen Y.
	Wettbewerbsfähig, also brauchen sie Anerkennung und Belohnungen, um motiviert zu bleiben, mehr zu erreichen.	Weniger geneigt, etwas zu sagen, wenn sie mit dem Management nicht einverstanden sind, als die nachfolgenden Generationen.	Haben keine so starke Arbeitsmoral mit durchschnittlich 38,8 Stunden pro Woche im Vergleich zu früheren Generationen mit über 40 Stunden.	Wissen wenig über die Zeit vor Social Media und leicht zugänglichen Technologien. Dies kann dazu führen, dass sie abhängig von Technologie sind, um Probleme zu lösen.
	Gelten als die am wenigsten technisch versierte aller Generationen – was ihnen oft die Fähigkeit nimmt, mit den Entwicklungen Schritt zu halten.	Schätzen es, Dinge schnell erledigen zu können, und sind weniger geneigt, Überstunden damit zu verbringen, etwas perfekt zu erledigen.	Ungeduldig, wenn es um Karrierewachstum geht – 49 % sind bereit, innerhalb der ersten zwei Jahre zu kündigen, wenn sie ihre Fähigkeiten nicht entwickelt sehen.	
Arbeitsmotto	Leben, um zu arbeiten	Arbeiten, um zu leben	Erst das Leben, dann die Arbeit	Arbeit muss Spaß machen
Titel/ Hierarchie	Sehr wichtig	Wichtig	Unwichtig	Unwichtig
Typische Merkmale/ prägende Ereignisse	Wiederaufbau, Vollbeschäftigung, Wirtschaftswunder, erste Ölkrise, Mondlandung, deutsche Teilung, hohe Geburtenrate, hohe Karriereziele	Wiedervereinigung, Wirtschaftskrise, Arbeitslosigkeit, Umweltkatastrophen, hohe Scheidungsrate, technische Fortschritte, Streben nach hoher Lebensqualität	9/11, Krieg im Irak, Internet, Social Media, Globalisierung, Jugendarbeitslosigkeit, Digital Natives, Wohlstand, Egoismus, behütete Kindheit	Geboren nach großer Rezession, aufgewachsen in erhöhter sozialer und kultureller Angst, virtuell = real, Digital Natives 2.0, hohes Niveau von Wohlstand gewöhnt, Angst vor Verlust von Wohlstand, Dauerkrise, Terror, Dating über Social Media, Kommunikationsschwierigkeiten

Aktuelle Belastbarkeit	Abnehmende körperliche Leistungsfähigkeit, Kompensation durch Routine, viel Erfahrung	Körperliche Leistungsfähigkeit sehr hoch, viel Erfahrung und Routine, noch lernwillig	Körperliche Leistungsfähigkeit hoch, mittel erfahren und neugierig	Wenn sie möchten, sehr gut
Lebenssituation	Kurz vor dem Ruhestand/Kinder erwachsen	Mittlere Lebensphase, im Berufsleben etabliert, späte Familienplanung hier häufig	Familienplanung, Etablierung im Berufsleben	Sie stehen noch ganz am Anfang
Werte	Gesundheit, Sicherheit, Idealismus, Kreativität	Individualismus, Orientierung, Sinnsuche, Unabhängigkeit, Work-Life-Balance	Selbstverwirklichung, Vernetzung, Teamwork, Optimismus	Selbstverwirklichung, Wunsch nach freier Entfaltung
Kommunikation	TV, Radio, Printmedien, persönliches Gespräch	E-Mail, Mobiltelefon	Textnachrichten	Soziale Plattformen, Textnachrichten

Verschiedene Generationen – Konfliktpotenzial hoch 10

In einer Zeit, in der sich die Arbeitswelt rapide verändert und neue Technologien, Arbeitsmethoden und Denkweisen Einzug halten, stehen Unternehmen vor der Herausforderung, die verschiedenen Generationen zu integrieren und die Stärken jedes Einzelnen optimal zu nutzen. Die jüngeren Generationen bringen oft Innovationsgeist, technologische Affinität und den Wunsch nach Veränderung mit, während ältere Generationen von ihrer Erfahrung, ihrem Fachwissen und ihrer Stabilität profitieren.

Jedoch führen die unterschiedlichen Einstellungen und Denkweisen häufig zu Missverständnissen und Konflikten. Die älteren Generationen empfinden die Vorschläge und Ideen der jüngeren Generationen oft als zu risikoreich oder unzureichend durchdacht. Sie neigen dazu, an bewährten Praktiken festzuhalten und Veränderungen mit Skepsis und oft unausgesprochener Angst zu begegnen. Auf der anderen Seite nehmen die jüngeren Generationen die Älteren als unflexibel, innovationshemmend und veränderungsunwillig wahr.

Die in uns verwurzelte German Angst verstärkt diese Spannungen zusätzlich. Die Angst vor dem Scheitern, vor unkontrollierbaren Risiken und vor Veränderungen kann dazu führen, dass Innovationen gehemmt werden und Unternehmen hinter ihren Wettbewerbern zurückbleiben. Die älteren Generationen können die Risiken neuer Ansätze überschätzen und daher vor Veränderungen zurückschrecken. Gleichzeitig können die jüngeren Generationen die Ängste der älteren Generationen nicht immer verstehen und empfinden sie als unbegründet oder übertrieben. Lagen die Ängste der älteren Generationen eher im Bereich der existenziellen Versorgung, so fürchten die jungen die Übernahme von Verantwortung. Sie sind zwar offen für Innovationen, scheuen aber jede Verpflichtung. Ein massives Problem für deutsche Unternehmen, da bis 2025 in über 800.000 Betrieben eine Unternehmensnachfolge ansteht.

Der Staffelstab geht weiter

Am Beispiel meines Großvaters und Vaters habe ich als Kind erlebt, welche Schwierigkeiten ein Generationswechsel mit sich bringen kann – von der stillen Generation zur Generation Babyboomer.

Mein Großvater war Chemiker. Schon in jungen Jahren machte er sich unmittelbar nach dem Krieg selbstständig. Sein erstes Unternehmen fiel einer Explosion durch einen Herstellerfehler eines Druckkessels zum Opfer – dass hierbei jemand sein Leben verlor, hat er nie ganz überwunden. Er verlor nahezu alles: Firma, Haus, Lebensunterhalt. Aber er ließ sich nicht unterkriegen, zog jahrelang vor Gericht gegen den Hersteller und beschäftigte sich mit neuartigen Technologien, forschte und gründete ein neues Unternehmen – als eines der ersten Unternehmen in Europa etablierte er die elektrostatische Pulverbeschichtung. Mein Großvater war immer mutig und traf Entscheidungen, die ihm richtig erschienen – unabhängig davon, ob sie Aussicht auf Erfolg hatten. Vor allem wegen seines Mutes verkörperte mein Großvater das Sinnbild eines guten Unternehmers.

Durch einen schweren Autounfall, nach welchem mein Großvater einige Zeit im Koma lag, musste mein Vater früh und unfreiwillig in das Unternehmen einsteigen. Während seine Passion im Bereich Maschinenbau und Elektrotechnik lag und noch immer liegt, musste er dennoch in einer für ihn fremden Branche im Unternehmen für das Überleben sorgen. Er hat immer davon gesprochen, dass er viel lieber in der Forschung an der Uni geblieben wäre. Aber durch diesen Schicksalsschlag mussten die eigenen Pläne und Interessen zurückstehen.

Seine Leidenschaft für Elektrotechnik und Innovationen lebte er dann in der Entwicklung eigener Anlagentechniken in der Fertigung aus.

Die Ansichten meines Großvaters, der eher ein unternehmerischer Draufgänger war und kein Risiko scheute, standen oft im Gegensatz zu denen meines Vaters. Er wollte moderne, innovative Technologien nutzen, Umweltschutz bei der Produktion und der Fokus auf Wiederverwertung von Produktionsmitteln waren ihm sehr wichtig. Er war bei geschäftlichen Entscheidungen immer auf Sicherheit bedacht und hat mehr mit dem Kopf als dem Bauch entschieden.

Konflikte und Streit waren in den ersten Jahren der gemeinsamen Arbeit im Unternehmen an der Tagesordnung. Letztlich gehörte das Unternehmen meinem Großvater – er sagte, wo es langging.

Mein Vater stellte sich immer den Konflikten mit seinem Vater und hat nie aufgegeben, das Unternehmen nach seinen Vorstellungen zu führen, auch wenn das Verhältnis der beiden daran fast zerbrochen wäre.

Und es klappte. Mein Vater hielt das Unternehmen erfolgreich am Markt und baute es aus. Die Konflikte und deren Lösungen waren jedoch im familiären Umfeld über viele Jahre deutlich spürbar. Letztlich war ein harter Schnitt in der Unternehmensleitung nötig, der für einen erfolgreichen Fortgang gesorgt hat. Dazu mehr in Kapitel 5.

Beide Unternehmer waren auf ihre Art brillant und erfolgreich – aber eben auch sehr unterschiedlich. Während mein Großvater wagemutig und risikofreudig (mit allen, wirklich allen Höhen und Tiefen) war, stand für meinen Vater, geprägt durch seine Erfahrungen, die Sicherheit immer im Vordergrund – Sicherheit für die Familie und die Kinder.

Wenn ich heute Generationswechsel in Unternehmen betrachte, fällt mir der Konflikt der Generationen immer deutlicher auf. Viele alteingesessene Unternehmen wurden sehr patriarchisch geführt, flache Strukturen und die volle Kontrolle beim Inhaber. Wenn diese Generation bis zuletzt am Steuer bleibt, entsteht bei einem irgendwann zwangsweisen und ungeplant eintretenden Führungswechsel eine große Unsicherheit. Die nachrückende Generation stand (wenn überhaupt) über Jahre oder Jahrzehnte in der zweiten Reihe und verfügte quasi über keine Entscheidungskompetenz. Wie sollen Mitarbeitende Vertrauen haben, wenn von heute auf morgen aus einem „Sohn" oder einer „Tochter" des Chefs nun plötzlich der Chef wird? Viel größer kann der Schock kaum sein. Manche der Mitarbeitenden haben den neuen Unternehmer noch gewickelt.

Sehr beeindruckend finde ich die Unternehmen, die bereits mit dem Einstieg der nächsten Generation in das Berufsleben diese direkt ins Unternehmen integrieren. Wenn bereits zwei oder drei Generationen gemeinsam ein Unternehmen führen, bedeutet dies auch gemeinsamen Erfolg und Vertrauen in alle Beteiligten. Es bedeutet aber auch Kompromisse, Loslassen und Akzeptanz – Mut zur Veränderung. Auch wenn das nicht gleichbedeutend mit konfliktfrei ist!

Was in der Unternehmensführung sehr erfolgreich funktioniert, ist auch ein exzellentes Konzept für Führungskräfte. Nicht bis zum Ende der Beschäftigung alles in einer Hand belassen, sondern rechtzeitig gemeinsam Stärken einbringen, Mut zur Veränderung zeigen und Vertrauen schaffen! Aber dazu mehr in Kapitel 5.

Das Korsett der Angst vor Veränderung

„Die einzige Konstante im Universum ist die Veränderung", schrieb Heraklit.

Wir Menschen leben in einem ständigen Widerspruch: Zum einen streben wir nach Veränderungen, vor allem, wenn wir damit eine Verbesserung herbeiwünschen. Zum anderen tun wir uns schwer, Altbewährtes loszulassen.

Ich selbst mag mein gewohntes Umfeld, gehe gern in dieselben Geschäfte, arbeite mit denselben Partnern zusammen und fahre an die gleichen Orte in den Urlaub. „Der Mensch ist ein Gewohnheitstier" trifft sicher nicht nur auf mich mehr als deutlich zu.

Was verbinden wir mit Veränderung? Etwas Neues, etwas Unbekanntes, Herausforderungen, das Verlassen der Komfortzone, die Befürchtung des Kontrollverlusts – alles negative Aspekte. Nur wenige Menschen nennen Chancen, Verbesserung, neue Möglichkeiten, Weiterentwicklung und persönliches Wachstum.

Elementar verankert ist in uns Menschen die Angst, den Arbeitsplatz zu verlieren, da er zumeist unsere Lebensgrundlage darstellt. Ohne

Einkünfte zu sein, bedeutet für viele Menschen den Verlust von Status und Umfeld sowie die Angst, die Familie zu verlieren. Es ist Sinnbild für persönliches Versagen geworden.

Umso erschreckender ist, dass mit dieser Angst so bewusst „gespielt" wird. Sehen Unternehmen eine Krise auf sich zukommen, ist die erste Reaktion sofort, die Angst der Mitarbeitenden um den Arbeitsplatz zu schüren. Als erste (und nicht selten einzige große) Option zur Krisenbewältigung wird die Reduzierung der Personalkosten kommuniziert. Drei Viertel der deutschen Unternehmen haben angesichts der Krisenzeiten ihre Mitarbeitenden-Benefits gekürzt oder planen dies. So eine Studie von LinkedIn: „Obwohl knapp 3/4 der befragten Führungskräfte in Deutschland (73 %) befürchten, dass sich Einsparungen negativ auf die Motivation der Mitarbeiter auswirken könnten, scheinen ihre Prioritäten festzustehen – nicht zum Vorteil der Arbeitnehmer." [34]

Die Angst vor Veränderungen ist eine natürliche und in gewisser Weise auch gesunde Reaktion des Menschen – die uns aber ganz sicher zum Aussterben verurteilt hätte, wenn wir ihr schon immer in der heutigen Form gefolgt wären. Vermutlich säßen wir noch auf Bäumen, falls wir es vorher überhaupt aus dem Wasser geschafft hätten.

Ich erinnere mich in diesem Zusammenhang gern an den ersten Computer am Arbeitsplatz meines Vaters. Es ist nicht so, als hätte er sich generell gegen Computer gewehrt, ganz im Gegenteil. Er hat sehr früh einen 286er PC mit 50 Megabyte Festplatte gekauft und mit uns Kindern diese neue Welt erkundet. Als Geschäftsführer eines Unternehmens im Bereich Oberflächenbeschichtung waren aber eher andere Kenntnisse gefragt. Als ITler habe ich ihm dann irgendwann um 2003 herum einen Computer auf den Schreibtisch im Büro gestellt und ans Internet angeschlossen. „Den kannst du ganz nach hinten stellen, den werde ich eh nicht benutzen", war die einzige Reaktion. Es hat einen Moment gedauert, aber er hat sich dieser Veränderung gestellt und die Chancen gesehen, die sich daraus ergeben konnten.

Auch wenn ich mich selbst oft genug mit selbst „erzwungenen" Veränderungen nicht sofort pudelwohl gefühlt habe, so sehe ich doch immer die Chance in jeder Veränderung. Meist wird es besser als zuvor. Und wenn nicht, dann muss eben eine weitere Veränderung her. Als Führungskräfte und Chefs ist es unsere Aufgabe, unseren Mitarbeitenden dabei Sicherheit zu geben. Uns muss bewusst sein, dass die Ängste bei ihnen noch viel ausgeprägter sind, wir müssen erklären, was wir planen und warum – was wir uns davon versprechen und welche Chancen darin liegen.

In vielen Fällen heißen Mitarbeitende Veränderungen auch willkommen. Sobald es jedoch um die Umsetzung oder gar um die Übernahme von Verantwortung geht, sinkt die Bereitschaft rapide, wie die folgende Abbildung veranschaulicht.

Kapitel 3 – Wie viel German Angst trage ich in mir? Selbstreflexion und persönliches Mindset

Machen wir uns nichts vor: Unternehmer oder Führungskraft zu sein, bedeutet immer, als Vorbild für seine Mitarbeitenden zu fungieren. Es ist wie in der Kindererziehung und beim Lernen am Modell. Wir erinnern uns an den Exkurs in Kapitel 2 und Karl Valentin: „Es hat keinen Sinn, Kinder zu erziehen, sie machen sowieso alles nach." Ich kann demnach von meinen Mitarbeitenden nicht mehr oder weniger erwarten, als ich vorlebe. Auch bin ich davon überzeugt, dass Unternehmer und Führungskräfte eine große soziale Verantwortung für ihre Mitarbeitenden haben. Hier halte ich es mit Goethe, der schrieb: „Zwei Dinge sollten Kinder von ihren Eltern bekommen: Wurzeln und Flügel." Ich finde es immer wieder schlimm, wenn andere zu mir sagen: „Du, jetzt hast du so viel Zeit und Geld in den Paule gesteckt und nun geht der und macht sich selbstständig." Ich ärgere mich aber gar nicht. Ich bin vielleicht etwas traurig, wenn jemand geht, aber tatsächlich freue ich mich für Paule, über seinen Mut, seine Selbstständigkeit.

Dreh- und Angelpunkt des Vorbilds ist die Identität des Unternehmers bzw. der Führungskraft. Je gefestigter diese ist, desto glaubhafter und vertrauenswürdiger wirkt sie. Mitarbeitende wünschen sich kein Fähnchen im Wind, kein Heute-hü-und-morgen-Hott, sie sehnen sich nach dem Fels in der Brandung, dem Leuchtturm, dem starken und erfahrenen Kapitän, der jeder Gefahr trotzt und seine Mannschaft auch im Sturm mit Ruhe und Überblick heil nach Hause bringt.

Dies gilt übrigens genauso für alle potenziellen Mitarbeitenden. Stichwort: „Employer Branding". Mitarbeitende suchen sich heute den Arbeitgeber aus und nicht mehr umgekehrt. Zeit, sich authentisch und ehrlich als attraktiven Arbeitgeber zu präsentieren.

Doch Unternehmer und Führungskräfte sind auch nur Menschen. Menschen mit Zweifeln, Sorgen, Ängsten, Bedürfnissen. Sie stehen allerdings stärker „unter Beobachtung". Daher ist eine der wichtigsten

Kernkompetenzen von Unternehmern und Führungskräften, sich der eigenen Persönlichkeit mit allen Stärken und Schwächen, Ecken und Kanten bewusst zu sein und diese authentisch zu zeigen und zu leben. Nichts ist schlimmer und vernichtet Vertrauen nachhaltiger, als wenn der Schein hinter dem angeblichen Sein aufploppt.

In diesem Kapitel geht es ans Eingemachte: um Sie als Mensch, als Dreh- und Angelpunkt, als Radnabe des Unternehmens. Welche Persönlichkeit haben Sie? Welches sind Ihre intrinsischen Motivatoren? Was bedeutet Authentizität? Wie tolerant sind Sie? Wie ist es um Ihre Disziplin bestellt? Wie gehen Sie mit Fehlern um? Wofür kämpfen Sie? Worauf können Sie gut und gern verzichten? Welche Visionen haben Sie? Haben Sie ein Growth- oder Fixed-Mindset? Was möchten Sie hinterlassen? Und noch viele weitere Fragen, die Sie sich unbedingt stellen sollten. Lernen Sie sich kennen! Jetzt!

Aber bevor Sie in die eigenen Tiefen abtauchen, möchte ich gern einen wichtigen Punkt voranstellen: Authentizität. Denn das ist es, was es braucht: authentische Führungskräfte. Dies ist das höchste Ziel aller Selbstreflexionsarbeit. Da jedoch die Vorstellung des Themas „Authentizität" in all seinen psychologischen, soziologischen und philosophischen Dimensionen einer Diplomarbeit nahekäme, möchte ich mich auf das Wesentliche beschränken. Denn Authentizität ist für German Mut unverzichtbar.

Authentizität

Was ist unter Authentizität zu verstehen?

„Jedenfalls ist es besser, ein eckiges Etwas zu sein, als ein rundes Nichts."
Christian Friedrich Hebbel

Authentizität – ein Wort wird zum Erfolgsschlager in der Unternehmenswelt. Dabei bedeutet „authentisch sein" nichts anderes als „echt sein", so zu sein, wie man ist, und sich seiner Werte, Überzeugungen, Haltungen, Einstellungen, Wünsche, Bedürfnisse, Ängste, Sorgen und seines Lebenssinns – kurz sich seiner selbst – bewusst zu sein. Die Sozialpsychologen und Authentizitätsforscher Michael Kernis und Brian Goldman verstehen darunter das uneingeschränkte Wirken des wahren oder zentralen Selbst im täglichen Leben und definieren vier Kriterien von Authentizität:[1 2 3]

Bewusstsein: Ein authentischer Mensch kennt seine Stärken und Schwächen und wie diese das eigene Verhalten und Handeln beeinflussen ebenso wie seine Wünsche, Gefühle, Motive und selbstbezogenen Gedanken. Dies setzt Selbsterkenntnis durch Selbstreflexion voraus.

Ehrlichkeit bzw. unverzerrte Verarbeitung: Hierzu gehört, der ungeschminkten Realität, das eigene Selbst betreffend, ins Auge zu blicken und auch unangenehme Rückmeldungen zu akzeptieren. Es geht um Objektivität in eigener Sache.

Konsequenz bzw. selbstbestimmtes Verhalten: Ein authentischer Mensch handelt nach seinen Werten und Überzeugungen. Das gilt für die gesetzten Prioritäten; auch für den Fall, dass er sich dadurch Nachteile einhandelt.

Beziehungsorientierung: Authentizität beinhaltet die Bereitschaft, sein wahres Selbst, mit allen positiven und negativen Seiten, in sozialen Beziehungen offen zu zeigen und nicht zu verleugnen. Dies zeigt sich als aktiver Prozess der Selbstoffenbarung und Entwicklung von gegenseitigem Vertrauen. In der Konsequenz bedeutet das, den anderen eine Chance zu geben, unsere guten als auch schlechten Seiten zu erkennen, und ihnen nichts vorzuspielen.

Die Existenzialphilosophen bezeichnen Authentizität als eine Einstellung zum Leben, die auf Mut zu Entscheidungen basiert, welche uns gemäß sind.[4] Sie beweist sich vor allem dann, wenn es ans Eingemachte geht, an unsere Grundüberzeugungen.[5]

Prof. Dr. Tatjana Schell, Professorin an der MF Norwegian School of Theology, Religion and Society sowie assoziierte Professorin an der Universität Innsbruck, arbeitete zusammen mit Kollegen vier Dimensionen von Lebensbedeutungen heraus, an denen sich ein authentisches Leben ausrichten kann. Grundlage dafür sind der alles überschwebende Lebenssinn und die eigenen Werte:[6]

- Selbsttranszendenz: Dazu zählen unter anderem Spiritualität, Naturverbundenheit, soziales Engagement und Selbsterkenntnis.
- **Selbstverwirklichung:** Diese drückt sich unter anderem in Wissen, Kreativität, Leistung oder Freiheit aus.

- **Ordnung:** Hierzu zählen beispielsweise Tradition, Bodenständigkeit, Moral und Vernunft.
- **Wir- und Wohlgefühl:** Dies zeigt sich als Liebe, Gemeinschaft, Fürsorge und Harmonie.

Die Auseinandersetzung mit der Sinnhaftigkeit des eigenen Handelns mache ihrer Meinung nach den Unterschied zwischen einer flachen oberflächlichen Existenz und einem engagierten, authentischen Leben aus.

Kennen Sie den Spruch: „Liebe ist nicht alles, aber ohne Liebe ist alles nichts"? So verhält es sich auch mit dem Sinn. Daher werde ich diesem Thema – immer aus einem anderen Blickwinkel – den einen oder anderen Exkurs widmen.

Exkurs: Sinn I „Grundbedürfnis nach Sinn und Sinnerfüllung"

„Wer ein Warum zu leben hat, erträgt fast jedes Wie." Viktor Frankl, Gründer der Logotherapie, also der sinnzentrierten Lebensführung, sagt, dass uns der Wille zum Sinn angeboren ist. Menschen sind von Natur aus sinnorientierte Wesen. Wird dieser Wille zum Sinn nicht erfüllt, entstehen Störungen wie Depression, Ängste, Flucht- und Suchtverhalten. „In dem Augenblick, in dem ein Mensch den Sinn und den Wert des Lebens bezweifelt, ist er krank", betont auch Sigmund Freud.

Das menschliche Grundbedürfnis nach Sinn kennen wir wohl alle. Die meisten Schüler sind nicht schlecht in der Schule, weil sie dumm oder faul sind, sondern weil sie keinen Sinn im Unterricht erkennen können. Diese gefühlte Sinnlosigkeit äußert sich dann in Desinteresse und Motivationslosigkeit bis hin zur Faulheit. Menschen brauchen ein Wofür, ein Warum, um sich zu entwickeln und um ihre Potenziale voll zur Geltung zu bringen. Wenn eine Sache als sinnlos betrachtet wird, dann ist es unendlich viel schwieriger für sie, sich zu motivieren und den sprichwörtlichen eigenen Hintern hochzubekommen.

Wann und wie empfinden wir Sinnerfüllung?

Sinn finden wir überall dort, wo wir Verantwortung übernehmen und freie, eigenständige Wege gehen. Sinnerfüllung ist hingegen die grundlegende Erfahrung, dass das eigene Leben sinnhaft und wertvoll ist. Sie basiert auf einer meist unbewussten Bewertung des eigenen Lebens als kohärent, bedeutsam, orientiert und zugehörig:[7]

„**Kohärenz** steht für die Wahrnehmung von Stimmigkeit, Schlüssigkeit und Passung in verschiedensten Lebensbereichen. Sie beruht auf der Erfahrung, dass sich Wahrnehmungen, Handlungen und Ziele nicht widersprechen, sondern nachvollziehbar sind, sich (idealerweise) ergänzen und aufeinander aufbauen. Ein kohärentes Selbst- und Weltbild gilt als zentrales Element der Erfahrung von Lebenssinn.

Bedeutsamkeit verweist auf die wahrgenommene Wirksamkeit eigenen Handelns, die erlebte Resonanz. Dabei geht es nicht um Reputation oder Anerkennung, sondern um die Erfahrung, dass alltägliches Handeln (oder Nichthandeln) Konsequenzen hat, Dinge bewegt oder Menschen berührt. Bleiben Effekte von Entscheidungen oder Handlungen aus, kommt es zum Erleben von Irrelevanz, Bedeutungslosigkeit und somit Sinnlosigkeit.

Orientierung meint eine inhaltliche Ausrichtung des eigenen Lebenswegs, die auch in unübersichtlichen Situationen bestehen bleibt. Eine solche Ausrichtung kann – im Sinne der Funktion eines Kompasses – das Treffen von Entscheidungen sowie das Finden und konsequente Verfolgen geeigneter Ziele unterstützen. Gleichzeitig erleichtert sie die Ablehnung von Möglichkeiten, die der Person nicht entsprechen. Eine Orientierung gilt als unabdinglich für das aktive Verfolgen eines Lebenssinns.

Zugehörigkeit steht für die Wahrnehmung, einen Platz auf dieser Welt zu haben, sich als Teil eines größeren Ganzen wahrzunehmen. Dabei geht es weniger um eine soziale denn um eine existenzielle Erfahrung. Sie kann als Antwort auf die Grundsituation der existenziellen Isolation verstanden werden. Existenzielle Isolation wird durch die Erkenntnis hervorgerufen, dass ich allein für mein Leben verantwortlich, die alleinige Autorin meines Lebens bin. Zugehörigkeit kontert diese Zumutung. Sie steht dafür, sich dennoch einzulassen, Verantwortung zu übernehmen (sei es für Familie, Freunde, Kollegen, Religion, Nation, Natur oder Menschheit) – und somit den eigenen Platz zu finden."

Welche Vorteile „Authentizität" bietet

Kernis und Goldman ermittelten folgende Vorteile eines authentischen Lebensstils:[8]

- Authentische Menschen sind seelisch stabiler, entwickeln bessere Strategien, um mit Problemen und Konflikten fertigzuwerden, und suchen entsprechend seltener Zuflucht bei Alkohol und Drogen.
- Sie sind mit ihren Beziehungen zufriedener.
- Ihr Selbstwertgefühl und Selbstvertrauen sind gefestigter, was ihnen wiederum ermöglicht, Ziele effizienter zu erreichen.

Allerdings muss die Forschung noch die Henne-und Ei-Frage klären: Sind wir authentisch, weil wir seelisch widerstandsfähiger sind, oder werden wir widerstandsfähig, weil wir authentisch sind?[9]

Weitere Vorteile fand ich in der „Psychologie heute compact". Menschen, die ihr Leben als sinnvoll und authentisch bewerten, haben[10]

- einen stabileren Selbstwert,
- ein höheres Wohlbefinden,
- eine größere Lebenszufriedenheit,
- erfüllendere Beziehungen,

außerdem

- weniger Angst,
- weniger Aggression und
- weniger depressive Symptome,
- sie werden älter,

- bleiben gesünder und
- leiden an weniger Krankheitssymptomen.

Ihr Weg zu Authentizität: Selbstreflexionen

Was bedeutet Selbstreflexion?

Bei diesem Thema könnte man sagen: „Der Weg ist das Ziel." Denn Selbstreflexionen können durch bunte Wiesen, dürre Wüsten, stille Wälder und über brausende Bäche führen. Sich darauf einzulassen – Augen, Ohren, Herz und Seele geöffnet –, ist sicher die wichtigste Ausrüstung. Hilfswerkzeuge können unterschiedliche Methoden sein. Eine Auswahl dieser werden Sie später in diesem Kapitel kennenlernen. Aber beginnen wir vorne.

Ich bin ein großer Fan der einfachen Erklärungen. Eine wunderbare Beschreibung der Selbstreflexion habe ich auf einem Portal für Jugendliche und junge Erwachsene gefunden.

„Bei der Selbstreflexion **hinterfragst** und **analysierst** du dein eigenes **Denken, Fühlen und Handeln.** So kannst du **mehr über dich selbst herausfinden.** Du lernst, was für dich persönlich wichtig ist, und kannst deine Ziele leichter voranbringen. Selbstreflexion macht dich dadurch **glücklicher und erfolgreicher**!"[11]

Die Selbstreflexion ist ein Prozess und mündet in der Selbsterkenntnis bzw. Selbstwahrnehmung. Sie ermöglicht, aus Fehlern zu lernen. Sie ermöglicht persönliches Wachstum. Sie ermöglicht, leichter Entscheidungen fällen zu können. Sie ermöglicht einen besseren Umgang mit Konflikten. Sie ermöglicht, sich den Zwängen von außen besser stellen zu können. Sie macht den Menschen authentisch.

Warum ist Selbstreflexion so wichtig?

Folgende Grafik kennen Sie bereits:[12]

Charaktereigenschaften eines mutigen Menschen

Von je 100 Befragten sagen, dass sie einen mutigen Menschen durch folgende Eigenschaften charakterisieren:

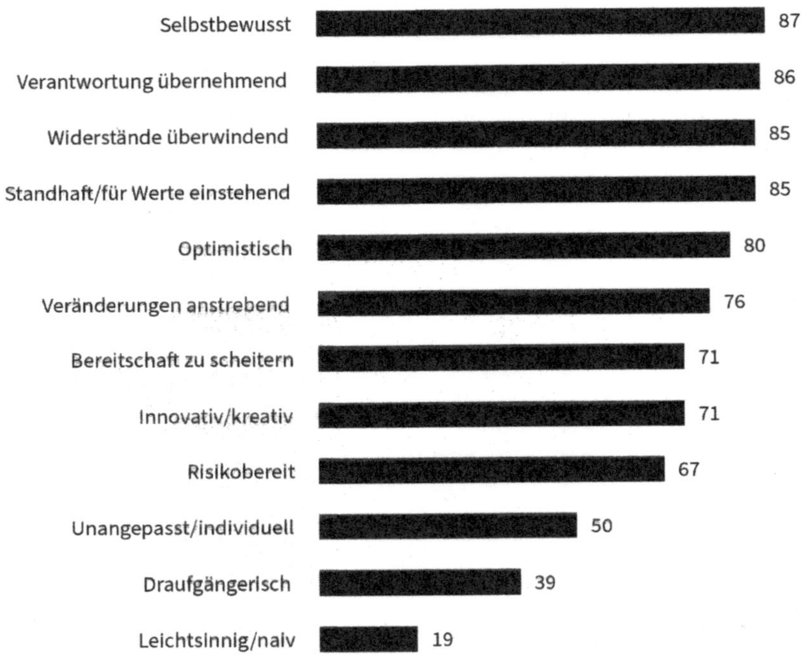

An erster Stelle steht „Selbstbewusst". Im Umkehrschluss bedeutet dies, dass Menschen, die sich ihrer selbst nicht bewusst sind, keinen ausreichenden Mut aufbringen können. Prof. Dr. Reinhardt formuliert die Zusammenhänge so anschaulich, dass ich ihn an dieser Stelle zitieren möchte:

„Selbstbewusstsein bildet als Wesenszug die Grundlage der weiteren Assoziationen. Hierunter wird ein Selbstwertgefühl verstanden, bei dem man die Wichtigkeit und den Wert seiner eigenen Persönlichkeit erkennt und schätzt. Dabei werden sowohl Stärken als auch Schwächen als Teil der eigenen Persönlichkeit wahrgenommen und in einer inneren Haltung der Gelassenheit und Zufriedenheit in selbstbewusste Handlungen übersetzt. Im Zusammenhang mit Mut zeugt es von einer starken

Eigenschaft, ‚man selbst zu sein', auch wenn das soziale Umfeld etwas anderes erwartet beziehungsweise wünscht. Wenn der Einzelne sich seiner selbst und seiner eigenen Stärken bewusst ist, kann er auch die Fähigkeit entwickeln, für sich und andere Verantwortung zu übernehmen. Verantwortung bedeutet, Freiräume zur Gestaltung zu nutzen, mutige Entscheidungen zu treffen und mit Zuversicht und Entschlossenheit praktisch umzusetzen. Hier schließt sich die Bereitschaft an, Widerstände zu überwinden und Hindernisse und Konflikte in Kauf zu nehmen. Die Widerstände können dabei sowohl struktureller (Regularien, Hierarchien etc.) als auch persönlicher Natur (fehlende Unterstützung, Misstrauen, Neid etc.) sein. Der vierte Aspekt rundet das mutige Agieren von Wesenszug, Fähigkeit und Bereitschaft mit der sozio-moralischen Komponente der Werteüberzeugung ab, der Standhaftigkeit und dem *Einstehen für seine Überzeugungen und Handlungen.*"[13]

Weitere ungeschlagene Vorteile und Erklärungen, warum Selbstreflexion so wichtig ist, in einem kurzen Überblick. Durch Selbstreflexion werden:

- vorhandene Fähigkeiten und Potenziale genutzt.
- bestehende Schwächen erkannt, an denen Sie arbeiten können.
- der geistige Horizont und das Bewusstsein darüberhinaus erweitert.
- die Kompetenzen zu Perspektivwechsel und Empathie ausgebaut.
- strukturiertes und analytisches Denken geschult.
- Sie sich selbst besser kennen und verstehen lernen.
- Sie künftig bewusster handeln und entscheiden – sicher auch mutiger.
- Sie für Ihre Überzeugungen eintreten.
- Sie gewohnte Verhaltensmuster und „Machen wir schon immer so"-Prozesse hinterfragen.
- Sie immun gegen Gruppenzwänge.
- Sie eine sinnvolle Fehlerkultur leben.
- Sie zur Inspirationsquelle für mutiges Denken und Handeln.
- Sie authentisch.
- Sie Vorbild für andere.

Gerade letztgenannter Punkt hat eine größere Tragweite, als manchen vielleicht auf den ersten Blick bewusst ist. Denn: Befragt man die Bevölkerung, so zeigt sich, dass viele einen Mangel an Vorbildern beklagen. Dabei stehen Politiker (56 %), jeder Bürger (48 %), Erzieher/Lehrer (40 %) und Vorgesetzte (40 %) sogar noch vor dem Wunsch nach Vorbildern in der eigenen Familie (37 %). Die traurige Wahrheit – eine wirkliche Vorbildfunktion wird bei genau diesen Gruppen kaum gesehen: Politiker (10 %), jeder Bürger (9 %), Erzieher/Lehrer (12 %) und Vorgesetzte (10 %) – hier gehen die Familienmitglieder deutlich voran (24 %).[14]

Unsere Mitarbeitenden erwarten von uns als Vorgesetzte Mut – wir sind Vorbilder, die sie ebenso enttäuschen wie Politiker, andere Bürger und Erzieher/Lehrer.

Vorbilder, und damit wir, prägen durch unser Verhalten unsere Mitarbeitenden und haben damit einen großen Einfluss. Mutiges Verhalten multipliziert sich – es ist in gewisser Weise ansteckend und ein wirkungsvolles Mittel gegen die sich überall ausbreitende Depression und negative Grundstimmung.

Welche Fragen im inneren Dialog zu klären sind

„Der, die, das – wer, wie, was – wieso, weshalb, warum? – wer nicht fragt, bleibt dumm. 1000 tolle Sachen, die gibt es überall zu sehen, manchmal muss man fragen, um sie zu verstehen."

Wer kennt es nicht, das Lied aus der Sesamstraße. Und es hat recht. Auch Einstein sagte schon, dass man nie aufhören solle zu fragen. Allerdings kommt es auf die richtige Fragestellung an. „Wenn du eine weise Antwort verlangst, musst du vernünftig fragen"[15], empfiehlt Johann Wolfgang von Goethe. Um Ihnen Ihre persönlichen Fragestunden zu erleichtern, gebe ich Ihnen eine kleine Auswahl an Fragestellungen mit auf den Weg.

Wichtig finde ich, sich diese Fragen je nach Rolle zu stellen. Ich bin Vater, Ehemann, Sohn, Bruder, Unternehmer, Freund und je nachdem fällt meine Antwort auf die gleiche Frage sehr unterschiedlich aus – und das ist auch vollkommen okay so.

Was fühle ich? Und wie fühle ich mich? Jetzt, genau in diesem Moment!	In welcher Situation befinde ich mich und was macht diese mit mir? Welche Unterschiede sehe ich in meinen verschiedenen Rollen?
Wie selbstbestimmt bzw. fremdbestimmt fühle ich mich in meinen unterschiedlichen Rollen und bin ich jeweils glücklich damit?	Was zeichnet mich aus? Welche Stärken und Schwächen habe ich und variieren diese je nach Rolle?
Welche Charaktereigenschaften zeichnen mich aus?	Welche Werte vertrete ich? Und lebe ich diese auch offen?
Welche Ziele habe ich und was tue ich, um diese zu erreichen? Auch hier sind wieder die verschiedenen Rollen gefragt.	In welchen Bereichen möchte ich mich weiter ausbilden? Privat und beruflich?
Habe ich Wünsche, die es zu erfüllen gibt? Wie gelingt mir das?	Ich bin unzufrieden mit XY, was kann ich tun, um etwas zu ändern?
Was regt mich an anderen Menschen am meisten auf und was kann ich machen, um diese Gefühle besser in den Griff zu bekommen?	Was möchte ich hinterlassen?
Welche Ängste habe ich? Was hindert mich daran, mutig zu sein?	Bin ich ein Vorbild? Möchte ich eins sein? Für wen möchte ich ein Vorbild sein? Was muss ich hier tun?
Wofür hätte ich gern mehr Zeit und wie kann ich mir diese nehmen?	Wenn ich noch mal neu anfangen könnte, was würde ich anders machen? Was davon kann ich heute noch korrigieren?
Glaube ich an mich? Mag ich mich? Liebe ich mich? Oder was hält mich davon ab?	Bin ich für die Menschen, die ich liebe, ausreichend da? Auch hier bietet es sich an, alle Rollen zu betrachten.
Welche Glaubenssätze bestimmen mein Leben? Welche davon sind negativ und wie kann ich diese in positive wandeln?	Wie gut bin ich in „radikaler Akzeptanz"?
Was ist mein Lebenssinn, mein WOFÜR?	

Viele Wege führen zum Ziel

Sich selbst zu reflektieren, kann völlig unterschiedlich ablaufen. Hier gibt es kein Besser oder Schlechter. Lediglich eines haben alle Wege gemeinsam: Man muss sie regelmäßig gehen, in Ruhe, ohne Störung und ernst nehmen. Sonst kann man sich den Aufwand sparen.

Ob dies beim Spaziergang, Radfahren, Wandern, in der Badewanne, schriftlich oder einfach nur im Kopf stattfindet, muss jeder für sich herausfinden. Und vielleicht tut es auch eine Mischform. Wenn der Kopf zu voll ist, rate ich jedoch definitiv zu der schriftlichen Variante. Hier bieten sich „Das Ich“ und die „Braindump-Methode“ an – sowohl gegen das Chaos im Kopf als auch als Methoden zur Selbstreflexion.

„Das Ich“

Für die schriftliche Selbstreflexion habe ich eine tolle Anregung bei www.studysmarter.de gefunden – „Das Ich“. Dabei wird ein Körper auf ein Blatt gezeichnet und es werden sich Gedanken zu den einzelnen Teilen gemacht:

- Der Kopf: Was geht mir im Moment durch den Kopf?
- Der Blick auf den Hals: Sitzt mir etwas im Nacken – und wenn ja, warum? Oder: Was schnürt mir die Luft ab?
- Der Bauch: Mein Bauch sagt mir …
- Das Herz: Mein Herz schlägt für ...
- Die Hand: Das geht mir leicht von der Hand …
- Der Fuß: Mein nächster Schritt ist …
- Das Gesamtbild: Was trägt mich auch in schwierigen Zeiten?

Braindump – alles muss raus

Wenn der Wirrwarr im Kopf zu groß wird, hilft nur noch eins: ausmisten, und zwar gründlich. Ohne Zensur, ohne Struktur einfach alles aufschreiben, was einem in den Sinn kommt. Bis der Kopf leer ist. Das kann in Stichpunkten, gezeichnet, in Sätzen oder was auch immer sein. Wichtig ist, dass alles raus ist. Beachten Sie jedoch, dass es sich hierbei um keinen einmaligen Prozess handelt – wie generell das Thema der Selbstreflexion. Immer dann, wenn wir feststellen, dass es im Kopf zu chaotisch wird und wir uns nachts grübelnd von rechts nach links und wieder zurückdrehen, sollte man „braindumpen“. Und da jede Übung den Meister macht, geht es auch von Mal zu Mal schneller.

Anfängern hilft es vielleicht, sich bereits vorbereitete Zettel parat zu legen, auf denen Satzanfänge stehen wie „Ich muss“, „Ich mache mir Sorgen“, „Was ich XY schon immer mal sagen wollte“, „Ich möchte“, „Mir platzt der Kragen, weil“, „Ich habe mich sehr gefreut über“, „Ich darf nicht vergessen, dass“.

Ist alles niedergeschrieben, geht es an die Sortierung und Priorisierung. Am besten nach dem Eisenhower-Prinzip: Aufgaben werden entsprechend ihrer Wichtigkeit und Dringlichkeit in vier Quadranten einsortiert. Es ergeben sich somit vier mögliche Kombinationen, die als A- (wichtig und dringend), B- (wichtig und nicht dringend), C- (unwichtig und dringend) und D- (unwichtig und nicht dringend)Aufgaben klassifiziert werden:

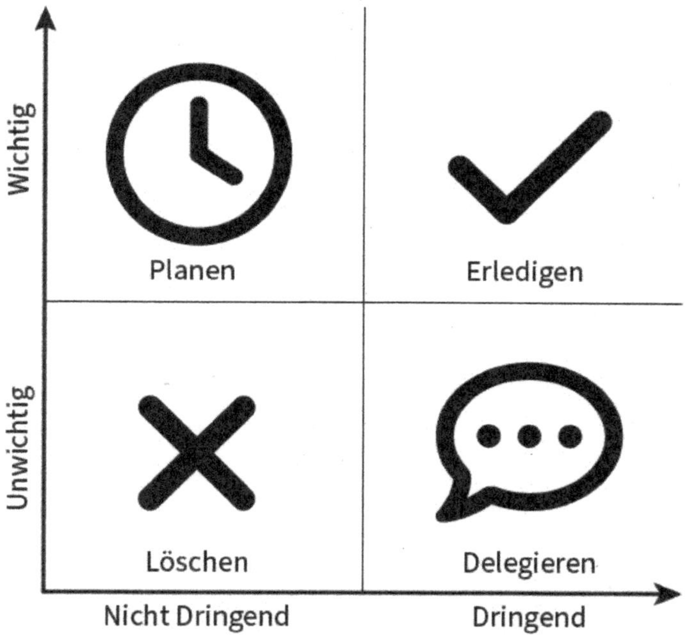

Zuletzt bleibt das Abarbeiten. Aber bitte nicht mit D beginnen.

„Braindump“ ist auch noch aus einem anderen Grund nützlich: Es geht um das Thema „Loslassen“. Wer loslassen kann, wird resilienter und glücklicher. Loslassen von Schmerz, Loslassen von Enttäuschung, Loslassen der Vergangenheit, Loslassen von Ärger, Angst, Sorgen, dem

Hamsterrad – also dieses Loslassen im Sinne von „Wer loslässt und entrümpelt, schafft Raum für Neues".

„Der japanische Meister Nan-in empfing einen Professor der Philosophie zu Besuch. Nan-in schenkte seinem Besucher Tee ein, doch als die Tasse voll war, goss er immer weiter. Der Professor sah zu, wie die Tasse überfloss, bis er nicht mehr an sich halten konnte: ‚Halt! Die Tasse ist schon übervoll, mehr geht nicht hinein!' Nan-in sagte: ‚Wie diese Tasse bist auch du voll von deinen eigenen Ansichten und Spekulationen. Wie soll ich dir Zen zeigen, bevor du nicht deine Tasse geleert hast?'" [16]

Viele Menschen tragen ihre übervolle Abstellkammer an Sorgen, Ängsten, Problemen, Frustrationen, Enttäuschungen, Schmerzen, Verletzungen oder Zerwürfnissen wie einen Rucksack ständig mit sich herum und gehen dabei immer weiter in die Knie. Walter Kohl nennt diese „die Wackersteine des Lebens" und lässt seine Coachees mit einem mit schweren Steinen vollbepackten Rucksack auf dem Rücken durch den Raum laufen. Nach ein paar Runden haben diese verstanden, wie sehr ihr Körper unter dem Ballast leidet.

Fünf Routinen, um am Ball zu bleiben

Unser liebstes Haustier ist der Schweinehund (und der wohnt ganz besonders gern in der Komfortzone). Um bei den Selbstreflexionen am Ball zu bleiben, sollten Routinen im Alltag installiert werden, die so selbstverständlich werden wie das Zähneputzen. Diese können sein:[17]

- **Morgenseiten:** Alles, was gerade durch den Kopf schwirrt, wird niedergeschrieben. So kann man „leer" in den Tag starten und sich dennoch sicher sein, nichts zu vergessen.
- **Meditation:** In einer bequemen Position in einer ruhigen Umgebung und mit geschlossenen Augen stellt man sich einige der Reflexionsfragen. Mit ein wenig Übung gibt dies innere Ruhe und Klarheit über schwierige Fragen. (Ja, eine Herausforderung, wenn die Kinder durchs Haus toben oder in Schule oder Kindergarten müssen. Fünf Minuten reichen auch völlig, zur Not unter der Dusche.)
- **Spaziergang:** Zehn Minuten jeden Tag eine Runde um den Block. Eine wahre Win-win-Situation – frische Luft und Zeit zum Reflektieren und Nachdenken.

- **Selbstgespräche:** Auch wenn es sich komisch anfühlen wird: Selbstgespräche helfen, Emotionen und Gedanken zu sortieren.
- **Abendritual:** Noch einmal kurz auf den Tag zurückblicken. Was war schlecht? Das bitte entweder notieren oder gleich aus dem Kopf streichen und sich dann auf die positiven Gedanken und Gefühle konzentrieren, bevor das Licht ausgeschaltet wird. Wofür sind Sie dankbar? Was war heute besonders schön? Dann klappt auch eine erholsame Nachtruhe.

Wichtig ist folgende Einstellung:

- Nehmen Sie sich, Ihre Gefühle und Gedanken ernst.
- Seien Sie ehrlich zu sich. Sich selbst zu belügen, hilft nicht, das Unterbewusstsein weiß sowieso alles.
- Denken Sie positiv – in Erreichung und nicht in Vermeidung. Das ist auch bei der persönlichen Entwicklung der beste Ratgeber. Schließlich ist Denken ein auditiver Prozess.
- Seien Sie dankbar.

„Ein alter Mann sagte, er hätte sich nur einmal im Leben beklagt, als er barfuß war und kein Geld hatte, Schuhe zu kaufen. Dann habe er einen glücklichen Mann gesehen, der keine Füße hatte. Und er habe nie wieder geklagt.“ [18]

Exkurs: Sieben Gründe aus der Psychologie und Medizinforschung, warum Dankbarkeit so wichtig ist[19]

Dankbarkeit macht glücklich: Für ihre Studien teilten Robert Emmons und Michael McCullough ihre Probanden in zwei Gruppen ein: Die einen ließen sie ein paar Minuten darüber nachsinnen, wofür sie in ihrem Leben dankbar sind. Die anderen sollten einfach an irgendetwas denken. Die Reflexionsübungen wiederholten die Forscher jede Woche – zehn Wochen lang. Resultat: Die Dankbaren zeigten über den gesamten Zeitraum mehr Motivation, größeren Optimismus, sogar ihre Gesundheitswerte und die Immunabwehr verbesserten sich. Kurz: Die dankbaren Gedanken machten sie glücklicher und gesünder.

Dankbarkeit verbessert Beziehungen: Die Psychologie-Professorin Sara Algoe von der Universität von North Carolina in Chapel Hill ließ frisch verliebte Paare zwei Wochen lang ein Tagebuch schreiben, in dem diese abends festhalten sollten, ob sie ihrem Partner an dem Tag etwas Gutes getan hatten; ob ihr Partner ihnen selbst etwas Gutes getan hatte, wie sie sich gefühlt hatten und wie sie über die Partnerschaft dachten. Ergebnis: Die Paare erkannten nicht nur, wie gut ihr Partner zu ihnen war. Sie wurden auch für die Partnerschaft insgesamt dankbarer und fühlten sich mit ihrem Partner verbundener.

Dankbarkeit stärkt das Herz: Manche Studien zeigen, dass durch eine dankbare Haltung das Risiko für einen Herzinfarkt sinkt. Bei den medizinischen Untersuchungen erhöhte sich die Herzfrequenzvariabilität, die Beschwerden von Patienten mit Herzinsuffizienz verringerten sich.

Dankbarkeit hilft gegen Schlafstörungen: Das ist das Ergebnis von Studien um Alex M. Wood von der Leeds Trinity University, einem weltweit renommierten Dankbarkeitsforscher. Sein Team konnte ermitteln, dass Dankbare besser und tiefer schlafen und auch leichter einschlafen. Sie litten im Vergleich zu Kontrollgruppen weniger unter Schlafstörungen und waren insgesamt leistungsfähiger.

Dankbarkeit senkt Stress: Dankbarkeit macht resistenter gegenüber Stress. Das konnten Untersuchungen von Martin Seligman und Tracy Steen von der Universität von Pennsylvania nachweisen. Ihre – dankbaren – Probanden konnten den empfundenen Stress reduzieren und zeigten sich widerstandsfähiger gegenüber psychischen Erkrankungen.

Dankbarkeit hilft gegen Depression: Dankbar zu sein, hat sogar enormen Einfluss bei der Therapie von Depressionen und Angststörungen. Bei Studien von Forschern um Prathik Kini von der Universität von Indiana ließen sie Patienten dreimal pro Woche für 20 Minuten Dankesbriefe schreiben. Drei Monate später zeigte sich: Die Dankschreiben hatten zahlreiche Gehirnregionen aktiviert. Je öfter und regelmäßiger die Probanden das Gefühl der Dankbarkeit verinnerlichten, desto nachhaltiger veränderte es ihr Gehirn und gab ihnen ein (neues) positives Lebensgefühl.

Dankbarkeit schützt vor Versuchungen: Selbstbeherrschung beziehungsweise die Fähigkeit zum Gratifikationsverzicht gilt als starkes Indiz für langfristigen Erfolg im Leben. Die meisten Menschen ziehen allerdings die sofortige Belohnung vor: „Lieber den Spatz in der Hand als die Taube auf dem Dach …" Instant-Lust statt vernünftige Vorausschau. Laut Studien an der Northeastern-Universität wirkt Dankbarkeit jedoch wie ein Impfstoff gegen Versuchungen aller Art. Die Dankbaren bewiesen mehr Geduld und waren bereit, auf Sofortbelohnungen zu verzichten, was ihnen langfristig höhere Gewinne bescherte.

Und noch eine kleine Weisheit von Paulo Coelho möchte ich hier anbringen, da sie mich sehr zum Nachdenken angeregt hat. Vielleicht tut sie dies auch bei Ihnen:

„Ich danke allen, die meine Träume belächelt haben. Sie haben meine Fantasie beflügelt.

Ich danke allen, die mich in ihr Schema pressen wollten. Sie haben mich den Wert der Freiheit gelehrt.

Ich danke allen, die mich belogen haben. Sie haben mir die Kraft der Wahrheit gezeigt.

Ich danke allen, die nicht an mich geglaubt haben. Sie haben mir zugemutet, Berge zu versetzen.

Ich danke allen, die mich abgeschrieben haben. Sie haben meinen Trotz geschürt.

Ich danke allen, die mich verlassen haben. Sie haben mir Raum gegeben für Neues.

Ich danke allen, die mich verraten und missbraucht haben. Sie haben mich erwachsen werden lassen.

Ich danke allen, die mich verletzt haben. Sie haben mich gelehrt, im Schmerz zu wachsen.

Ich danke allen, die meinen Frieden gestört haben. Sie haben mich stark gemacht, dafür einzutreten.

Ich danke allen, die mich verwirrt haben. Sie haben mir meinen Standpunkt klargemacht.

Vor allem aber danke ich all denen, die mich lieben, so wie ich bin. Sie geben mir die Kraft zum Leben!

Danke!"[20]

Welches Mindset habe ich?

Das Thema „Mindset" gehört eigentlich in den Bereich der Selbstreflexionen. Dies erschließt sich allein durch die Fragestellung. Allerdings ist dieser Bereich so facettenreich, dass ich ihm ein eigenes Kapitel widmen möchte – insbesondere im Hinblick auf Vermeidung und Erreichung. Aber beginnen wir auch hier erst einmal bei der Definition, die ich wiederum am anschaulichsten auf der Plattform www.studyflix.de für Jugendliche und junge Erwachsene gefunden habe.

Was bedeutet Mindset?

Mindset bedeutet auf Deutsch: Denkweise, Haltung, Weltanschauung, Lebensphilosophie und Mentalität. Zusammengefasst geht es um die eigene Einstellung zu bestimmten Themen. Sie entsteht durch jedwede positive und negative Erfahrungen, die gemacht wurden. Positive Erfahrungen bestärken und ermutigen – negative lassen einen mutlos und pessimistisch werden.[21] Aus Kapitel 1 wissen wir, dass unsere Psyche maßgeblichen Einfluss auf unsere mentale und physische Gesundheit hat. Mit der Kraft der Gedanken kann man seine allgemeine Gesundheit zum Großteil steuern – so ist das auch beim Thema Mindset.

Darüber hinaus bedeutet Mindset die ganz persönliche Ansammlung von Glaubenssätzen. Etwa 80 % unseres Denkens, Fühlens und Handelns werden von unserem Wertesystem und unseren Glaubenssätzen gesteuert.[22] Sie sind dafür verantwortlich, wie wir etwas und uns bewerten und wahrnehmen. „Das schaffst du doch nie", „Wer soll dich denn schon einstellen wollen?", „Ich habe es nicht besser verdient", „Was kann ich denn schon groß bewirken?" … Alles Aussagen, die nicht förderlich für eine aktive Lebensgestaltung sind. Wenn die eigene Haltung also auf negativen Grundannahmen basiert, fällt der Fokus automatisch auch immer wieder auf die negativen Aspekte des Lebens. Das hat große Auswirkungen auf die persönliche Lebensqualität und den Umgang mit sich selbst sowie anderen Menschen.[23]

Aber: Glaubenssätze bzw. das Mindset können umgeschrieben werden. Jeder kann aktiv daran arbeiten, negative Mechanismen abzubauen und ein positives Mindset zu etablieren. „Ich schaffe das", „Ich bin eine große Unterstützung für das Unternehmen", „Ich habe es verdient, dass man mich respekt- und liebevoll behandelt" – hört sich doch schon viel besser an.

Beispiellos für ein positives Mindset hinsichtlich Denkweise, Haltung, Weltanschauung, Lebensphilosophie und Mentalität ist Viktor Frankl. Er durchlebte und vor allem überlebte das Grauen der KZs und verlor doch nicht seinen Lebenssinn.

Exkurs: Sinn II „Zwischen Reiz und Reaktion" inklusive der Rational-Emotive-Verhaltenstherapie

„Das Leben selbst ist es, das dem Menschen Fragen stellt. Er hat nicht zu fragen, er ist vielmehr der vom Leben her Befragte, der dem Leben zu antworten – das Leben zu ver-antworten hat."[24] *Viktor Frankl*

In seinem Buch „Die 7 Wege zur Effektivität" erzählt Stephen R. Covey schonungslos von den Gräueltaten und Frankls unglaublichem Überlebenswillen:

„Viktor Frankl war Psychiater und Jude. Die Nazis sperrten ihn in ein Konzentrationslager, wo er Dinge erlebt hat, die so weit jenseits jeglicher Menschenwürde liegen, dass wir sie nicht einmal beschreiben wollen. Seine Eltern, seine Brüder und seine Frau starben in den Lagern und wurden in die Gaskammern geschickt. Mit Ausnahme seiner Schwester kam die ganze Familie um. Frankl selbst wurde gefoltert und erlitt unzählige Erniedrigungen. Dabei wusste er von einem Moment zum nächsten nicht, ob sein Weg in die Öfen führen oder ob er zu den ‚Verschonten' gehören würde, die die toten Körper entfernen oder die Asche der Unglückseligen wegschaufeln mussten.

Eines Tages, er war nackt und allein in einem kleinen Raum, begann er sich dessen bewusst zu werden, was er später die ‚letzte Freiheit des Menschen' nannte – der Freiheit, die die Nazischergen ihm nicht wegnehmen konnten. Sie konnten seine gesamte

Umgebung kontrollieren, sie konnten mit seinem Körper machen, was sie wollten, aber Viktor Frankl blieb ein sich selbst wahrnehmendes Wesen, das beobachten konnte, was mit ihm geschah. Seine grundlegende Identität war intakt. Er konnte in seinem Inneren selbst entscheiden, wie sich all das auf ihn auswirken würde.

Zwischen dem, was ihm widerfuhr, dem Reiz, und seiner Reaktion darauf lag seine Freiheit oder Kraft, diese Reaktion zu bestimmen. Inmitten seiner furchtbaren Erfahrungen projizierte Frankl sich selbst in eine andere Umgebung unter anderen Bedingungen, sah beispielsweise, wie er nach seiner Befreiung aus dem Lager seine Studenten unterrichtete. Mit seinem inneren Auge zeichnete er sich selbst im Hörsaal, wo er seinen Studenten genau die Lektion vermittelte, die er während seiner Qualen lernte.

Durch eine Reihe solcher Übungen – mentaler, emotionaler und moralischer, bei denen er vor allem mit Erinnerungen und Imagination arbeitete – übte er seine kleine, noch embryonale Freiheit aus. Diese wuchs und wuchs, bis Frankl schließlich mehr Freiheit hatte als seine Nazi-Aufseher. Sie besaßen mehr Freiheiten, mehr Wahlmöglichkeiten in ihrer Umgebung, aber er verfügte über mehr Freiheit, mehr innere Kraft, seine Möglichkeiten auszuleben. Er wurde zu einer Inspiration für die Menschen seiner Umgebung, selbst für einige der Wächter. Er half anderen, Sinn in ihrem Leiden und Würde in ihrem Gefangenensein zu finden. Inmitten der entwürdigendsten Bedingungen, die man sich vorstellen kann, nutzte Frankl die menschliche Gabe der Selbstwahrnehmung, um einen fundamentalen Grundsatz zu entdecken: Zwischen Reiz und Reaktion hat der Mensch die Freiheit zu wählen.“[25]

Ich wünsche niemandem, dass er solche Zeiten erleben muss. Und ich möchte auch keine Mutmaßungen anstellen, wie viele Menschen diese Größe angesichts dieser Grauen zeigen könnten. Ich kann aber jedem empfehlen, das Buch „… trotzdem Ja zum Leben sagen“ von Viktor Frankl zu lesen.

Auch wenn es jetzt etwas unpassend erscheint, möchte ich dennoch diesen Exkurs dazu verwenden, Ihnen eine Methode vorzustellen, anhand derer hinderliche Bewertungen, Glaubenssätze und Einstellungen gewandelt werden können.

Wir erinnern uns an Kapitel 1: „Kompliziert wird das Thema Angst, wenn sich zwischen Reiz und Reaktion eine dritte Komponente drängt – die Denkprozesse (Kognitionen) steuert und die damit einhergehende Bewertung der Situation übernimmt.

Ereignis ⇨ Bewertung/Gedanken ⇨ Gefühl

Damit schaltet sich das Großhirn ein und Angst wird zu einer Kopfsache."

Negative Gedanken erzeugen negative Gefühle, positive Gedanken positive Gefühle. Ist die eigene Bewertung der kritischen Situation objektiv oder nur ein Spiegelbild meiner Meinung? Unsere Bewertungen sind erlernt, eine Mischung aus Erinnerungen, Erfahrungen, Vorstellungen und Erwartungen. Und wir wissen: Was man einmal erlernt hat, kann man auch wieder verlernen.

Eine bewährte und zielführende Strategie ist die Rational-Emotive-Verhaltenstherapie (REVT) nach Albert Ellis. In dieser Strategie geht es darum, seine negativen Bewertungen in positive kognitiv umzuprogrammieren.

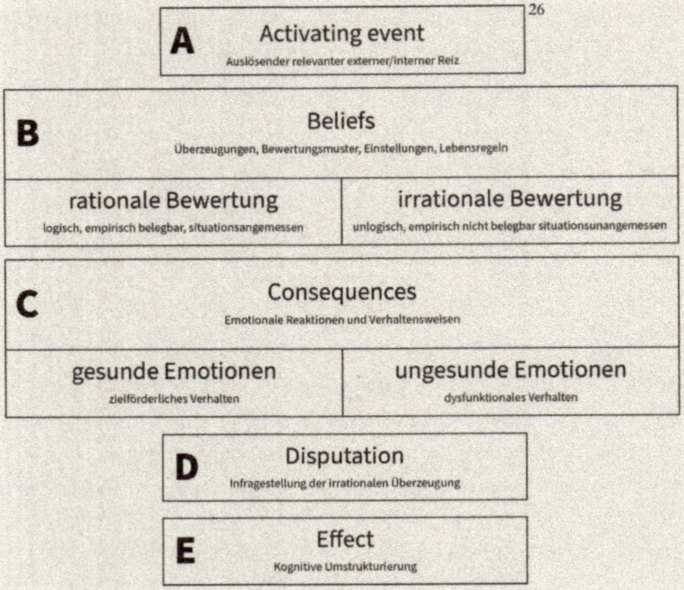

[26]

A = activating event

Auslöser ist ein äußeres oder innerpsychisches Ereignis, wie z. B. ein Streit mit einem Mitarbeitenden, ein Unfall, eine Erkrankung, welches bei jedem

B = beliefs

unbewusst oder bewusst unterschiedliche Denkmuster, Überzeugungen, Bewertungsmuster, Einstellungen oder Glaubenssätze aktiviert und gleichzeitig die Situation bewertet. Die Bewertungen können:

- rational, in sich logisch und angemessen oder
- irrational, unlogisch und unangemessen sein.

C = Konsequenz

Auf diese Bewertungen folgen dann emotionale Reaktionen und Verhaltensweisen.

- Rationale Bewertung = Reaktionen sind „gesunde" Emotionen und zielförderliche Verhaltensweisen.

- Irrationale Bewertung = Reaktionen sind „ungesunde“ Emotionen und dysfunktionale Verhaltensweisen, wie z. B. Angst.

D = Disputation

In diesem Schritt werden die unangemessenen Verhaltensweisen erkannt, mittels sokratischen Dialogs infrage gestellt und schlussendlich in

E = effect

verändert bzw. umprogrammiert.[27]

Fixed Mindset und Growth Mindset

Die Motivationspsychologin Carol Dweck unterscheidet zwei Arten, wie Menschen mit Niederlagen umgehen: das Fixed Mindset und das Growth Mindset. Diese entscheiden darüber, wie jeder für sich mit Problemen, Herausforderungen und Aufgaben umgeht. Ich finde das ausgesprochen spannend. Erklärt es doch den Unterschied zwischen Denken in Vermeidungs- und Erreichungszielen. Die Informationen habe ich aus unterschiedlichen Beiträgen zusammengefasst:[28]

Fixed Mindset

Das Fixed Mindset heißt auf Deutsch so viel wie statisches, unveränderbares Selbstbild. Eine Person mit dieser Einstellung akzeptiert fehlende Fähigkeiten als angeboren und geht fest davon aus, dass sie daran nichts ändern kann.

Wie denkt eine Person mit einem Fixed Mindset?

- Wenn ich etwas nicht kann, ist das eben so!
- Wenn ich frustriert bin, gebe ich auf!
- Muss ich mich anstrengen, bin ich untalentiert.
- Neue Herausforderungen mag ich überhaupt nicht!
- Wenn andere Erfolg haben, fühle ich mich angegriffen!
- Meine Talente bestimmen das Ergebnis!
- Fehler sind eine Bedrohung und Abwertung meiner Person!

Ich glaube nicht, dass ich betonen muss, in welchen Zielen diese Personen denken.

Growth Mindset

Das Growth Mindset bedeutet dynamisches Selbstbild und wird auch als „Wachstumsdenken" bezeichnet. Personen mit dieser Einstellung sind überzeugt, alles schaffen zu können. Sie nehmen neue Herausforderungen an und geben sich nicht mit Niederlagen zufrieden. Deshalb sind sie meist auch erfolgreicher als Menschen mit einem unveränderbaren Selbstbild. Sie verfügen über ein positives Mindset.

Welche Gedanken hat eine Person mit einem Growth Mindset?

- Was ich noch nicht kann, werde ich lernen!
- Wenn ich frustriert bin, gebe ich nicht auf!
- Wenn ich scheitere, lerne ich!
- Neuen Herausforderungen stelle ich mich gern!
- Wenn eine andere Person Erfolg hat, bin ich inspiriert!
- Meine Anstrengungen und mein Einsatz bestimmen das Ergebnis!

Menschen mit einem Growth Mindset …

… entwickeln sich in jedem Bereich weiter, der sie interessiert – sie glauben, dass sie nur ordentlich üben und sich anstrengen müssen, um jedes Ziel zu erreichen, was sie erreichen wollen.

… setzen ihre Lebensträume und Wünsche um, weil sie fest davon überzeugt sind, dass sie es selbst in der Hand haben, ob sie etwas erreichen können.

… haben einen entkrampften Umgang mit Fehlern und Misserfolgen, da Misserfolg aufzeigt, wo man noch weiterwachsen kann.

… schreiben ihre Erfolgsaussichten NICHT ihrer Herkunft oder ihrem von der Natur gegebenen Talent zu.

Fixed vs. Growth Mindset

Menschen mit einem Fixed Mindset …	Menschen mit einem Growth Mindset …
… vermeiden Herausforderungen.	… sehen Herausforderungen als Chance dazuzulernen.
… haben Angst zu versagen.	… freuen sich auf Wachstum.
… versuchen nichts Neues.	… probieren Neues aus.
… verbergen Niederlagen.	… lernen aus ihren Fehlern.
… denken, sie haben nur einzelne bestimmte Begabungen.	… arbeiten an ihren Schwächen, um sich weiterzuentwickeln.
… geben schnell auf.	… beweisen Durchhaltevermögen, indem sie nicht aufgeben, sondern immer wieder Neues versuchen.
… urteilen über andere.	… reflektieren ihr eigenes Verhalten.
… sind eifersüchtig auf die Erfolge anderer.	… lassen sich von anderen inspirieren.
… brauchen Lob und Anerkennung von anderen.	… sind nicht auf Lob von außen angewiesen.
… haben Angst vor Kritik.	… nehmen Kritik gern an.

Die einen setzen auf ihre angeborenen Talente, während sich andere auf ihre harte Arbeit verlassen. Aber wie bereits eingangs gesagt – hier ist nichts in Stein gemeißelt. Ein positives Mindset lässt sich aufbauen und hinderliche Glaubenssätze lassen sich in förderliche wandeln. Mit folgenden Ratschlägen kann dies gelingen.

Wie Sie ein positives Mindset aufbauen können

1. **Glauben Sie an sich:** Nicht verzweifeln, wenn mal etwas schiefgeht. Glauben Sie fest daran, dass Sie neue Fähigkeiten lernen können und Fehlversuche keine Schande sind! Alles ist möglich – alles kann erreicht werden. Nur Sie setzen die Grenzen.

2. **Umgeben Sie sich mit den richtigen Menschen:** Jim Rohn sagt: „Du bist der Durchschnitt der fünf Menschen, mit denen du deine meiste Zeit verbringst.“[29] Freunde, Mitarbeitende, Kollegen mit einem Growth Mindset zu haben, unterstützt und bringt einen persönlich weiter. Und natürlich können es mehr als fünf sein.

3. **Seien Sie offen für Neues:** Auch wenn die Komfortzone gemütlich ist, wagen Sie den Schritt nach draußen. Neue Herausforderungen annehmen tut nicht weh. Wenn ein Weg nicht funktioniert, probieren Sie einfach einen anderen!
4. **Lassen Sie sich inspirieren:** Die Welt der Inspirationen ist groß. Bücher, Podcasts, Vorträge, Webinare – zeigen Sie Ihrem Verstand jeden Tag aufs Neue, was alles möglich ist und was es alles da draußen zu entdecken gilt. Mentale Stimulation und der Kontakt mit potenziellen Vorbildern sind extrem förderlich für ein positives Mindset.
5. **Finden Sie Ihr „Warum", Ihr „Wofür", Ihren Lebenssinn:** Seinen Lebenssinn zu kennen, war schon eine der wichtigsten Komponenten authentischen Seins. In diesem Zusammenhang geht es um das Thema der Motivation. Wer sein inneres Verlangen, seinen Lebenssinn nicht kennt, fühlt sich schnell unmotiviert. Machen Sie Ihr „Warum", Ihr „Wofür" zum stärksten Antreiber. Und dann klappt es meist auch mit den Höchstleistungen.
6. **Visualisieren Sie Ihre Ziele:** Wer seine Ziele ständig im Blick hat, verliert sie nicht aus den Augen. Notieren Sie Ihre Visionen, Ziele, Wünsche und Träume und haben Sie diese immer parat. So geraten sie nicht in Vergessenheit.
7. **Haben Sie Geduld:** Nicht jedermanns Sache, aber eine wichtige Kompetenz. Wenn etwas nicht beim ersten oder zweiten Versuch klappt, nicht aufgeben! Manche Dinge brauchen etwas Zeit. Und bitte nicht wieder in die Vermeidung abdriften.
8. **Übernehmen Sie Verantwortung:** Sie können zwar nicht bestimmen, welche Umstände und Tiefschläge auf Sie zukommen, aber Sie entscheiden, wie Sie damit umgehen. Sie sind verantwortlich für Ihr Denken und Handeln – unabhängig von äußeren Gegebenheiten! Dieses Thema spielt in viele Faktoren mit hinein: u. a. in radikale Akzeptanz, Resilienz und nicht zuletzt in das eigene Verständnis einer wirksamen Führungskraft.
9. **Bleiben Sie realistisch:** Hier geht es darum, den Punkt zu akzeptieren, dass man nicht in allem perfekt sein muss. Dies ist eine Illusion.

10. **Lernen Sie, mit Rückschlägen umzugehen:** Auch wenn etwas mal nicht klappt, ist das völlig okay. Rückschläge sind keine Schande, sondern helfen Ihnen dabei, Ihr Denken zu stärken. Misserfolge sind eine Chance, sich weiterzuentwickeln. Raus aus der Komfortzone. Fehlerkultur, auch ein Thema, das in diesem Buch immer wieder zur Sprache kommt.
11. **Feiern Sie Ihre Erfolge:** Freuen Sie sich über das Erreichen Ihrer Ziele, egal ob klein oder groß! Selbst kleine Schritte in die richtige Richtung sind super!
12. **Denken Sie in kleinen Schritten:** Kein anderer kann dies so gut beschreiben wie Beppo, der Straßenkehrer aus „Momo":

„Manchmal hat man eine sehr lange Straße vor sich. Man denkt, die ist so schrecklich lang; das kann man niemals schaffen, denkt man. Und dann fängt man an, sich zu eilen. Und man eilt sich immer mehr. Jedes Mal, wenn man aufblickt, sieht man, dass es gar nicht weniger wird, was noch vor einem liegt. Und man strengt sich noch mehr an, man kriegt es mit der Angst zu tun und zum Schluss ist man ganz außer Puste und kann nicht mehr. Und die Straße liegt immer noch vor einem. So darf man es nicht machen. Man darf nie an die ganze Straße auf einmal denken, verstehst du? Man muss immer nur an den nächsten Schritt denken, an den nächsten Atemzug, an den nächsten Besenstrich. Dann macht es Freude; das ist wichtig, dann macht man seine Sache gut. Und so soll es sein. Auf einmal merkt man, dass man Schritt für Schritt die ganze Straße gemacht hat. Man hat gar nicht gemerkt wie, und man ist nicht außer Puste. Das ist wichtig."[30]

Welches Mindset habe ich hinsichtlich Disziplin, Toleranz und Handeln?

Bezüglich der genannten Korsetts gibt es einige Kompetenzen und Wertehaltungen, die von elementarer Bedeutung sind. Viele werden Sie in Kapitel 5 noch kennenlernen oder sich wieder in Erinnerung rufen, aber in diesem Kapitel möchte ich auf in meinen Augen drei wesentliche Punkte zu sprechen kommen, ohne die German Mut nicht gehen kann.

Disziplin – Wie steht es um Ihre Willenskraft?

„Disziplin ist alles!“ [31]*, sagte einst Helmuth von Moltke, preußischer Generalfeldmarschall.*

„Disziplin“ – das Wort reicht und schon denken wir an Drill, militärisches Strammstehen und Marschieren. Dabei ist Disziplin eine Tugend und zentrale Kernkompetenz für Erfolg und Zielerreichung. Ohne harte und disziplinierte Arbeit kann niemand geplant etwas Großartiges vollbringen. Unsere Willensstärke ist dabei der Antreiber, um ins Tun zu kommen.

„Willenskraft (Fachbegriff Volition) – auch Willensstärke genannt – ist die Fähigkeit, Motive, Wünsche und Ziele in Resultate umzusetzen. Deshalb bezeichnet man sie auch als Umsetzungskompetenz. Es ist eine typische Fähigkeit herausragender Persönlichkeiten im Beruf und Privatleben. Während die Motivation beschreibt, was Menschen antreibt, erklärt die Willenskraft (Volition), warum manche Menschen bei gleicher (oder weniger) Anstrengung wesentlich mehr erreichen.“[32]

Auf das Thema der Motivation werde ich im nächsten Unterkapitel detaillierter eingehen, wenn ich Ihnen das Reiss Motivation Profile® vorstelle.

Willenskraft lässt sich trainieren. Etwas, wovon unter anderem die Navy Seals ein Lied singen können. Ihre 40-Prozent-Regel kann Ansporn für große Taten sein: „Wenn du denkst, es geht nicht mehr, hast du erst 40 % deiner Leistungsfähigkeit erreicht. Nicht deine körperliche Fitness entscheidet, sondern deine psychische Fitness.“[33] Andrew Wittman – ehemaliger Navy-Seal-Soldat und Trainer, mittlerweile Coach von CEOs der weltweit größten Konzerne – verrät sieben Kernpunkte, wie mentale Stärke aufgebaut werden kann:[34]

Macht Dinge, vor denen ihr Angst habt: „Das, was euch Angst macht, wird mit ein bisschen Übung schnell zur Banalität“, sagt Wittman. Wir erinnern uns an den Exkurs zu den Gewohnheiten.

Habt einen Helden oder ein Vorbild: Sich ein Vorbild oder einen Helden zu suchen, der schon geschafft hat, was Sie noch möchten, kann helfen, Ihre Ziele zu erreichen.

Pflegt einen Kreis mit vertrauten Freunden: Damit meint Wittman nicht Freunde, die Ihre Geheimnisse für sich behalten, sondern die Art von Freunden, die aktiv dabei helfen, Probleme zu lösen.

Erzählt eure Kampfgeschichten mit Stolz: „Darüber zu sprechen, wie ihr große Hindernisse überwunden habt, hilft euch dabei, euren Verstand und eure Emotionen auf euren Erfolg zu fokussieren“, behauptet der Experte. Wie bereits mehrfach erwähnt, ist Denken ein auditiver Prozess. Wenn Ihr Unterbewusstsein diese Art von Erfolg schon kennt, fällt es Ihnen leichter, ihn zu reproduzieren.

Sagt nie „Ich werde es versuchen“: Wittman ist der Auffassung, dass Menschen das Wort „versuchen“ benutzen, um sich aus bestimmten Situationen herauszureden. Als Beispiel nennt er den „Versuch“, pünktlich zu kommen. In den meisten Fällen komme es dann zu Verspätungen.

Seid das Schwein, nicht die Henne: „Wenn auf eurem Frühstücksteller Bacon und Ei ist, hat die Henne zwar eine Rolle gespielt, aber das Schwein ist mit voller Hingabe dabei.“ Hingabe sei der Kernpunkt von mentaler Stärke, so Wittman.

Seid mutig und gebt niemals auf: „Mut ist nicht die Abwesenheit von Angst, es ist die bewusste Entscheidung, sich seiner Angst zu stellen“, erzählt der Navy Seal.

Abschließen möchte ich dieses Thema mit einem Zitat, dessen Urheber zwar nicht ganz eindeutig ist, das aber auf jeden Fall zum Denken anregt: „Wer etwas wirklich will, findet Wege; wer etwas nicht will, findet Gründe.“ In diesem Sinne: Finden Sie lieber Wege statt Gründe. Der Aufwand dürfte ähnlich sein.

Wie tolerant sind Sie?

Toleranz ist ein Thema, das uns beruflich und privat immer wieder einholt. Im Berufsleben beispielsweise im Falle von verschiedenen Generationen oder wenn Menschen anders ticken als wir selbst.

„Toleranz besteht nicht darin, daß man die Ansicht eines anderen teilt, sondern nur darin, daß man dem anderen das Recht einräumt, überhaupt anderer Ansicht zu sein.“[35] Viktor Frankl

Toleranz beinhaltet keine Beurteilung und Bewertung von Einstellungen oder Verhaltensweisen. Sie umfasst die Auseinandersetzung mit anderen, das bewusste Wahrnehmen von Unterschiedlichkeit und eventueller Gemeinsamkeiten. Dies erfordert Neugier, Interesse, aktives Zuhören und Dialogbereitschaft. Dabei ist es aber auch wichtig, die Grenzen der Toleranz zu kennen. Diese sind bei Diskriminierung und Gewalt erreicht: Keine Toleranz der Intoleranz.[36] Auch Toleranz lässt sich erlernen:[37]

Hören Sie gut zu: Jeder hat das Recht, seine persönliche Meinung zu äußern. Der erste Schritt auf dem Weg zu mehr Toleranz ist, dem anderen Gehör zu schenken und zu versuchen, die Äußerungen richtig zu verstehen. Oft stellt sich dann heraus, dass auf den ersten Eindruck unsinnige Aussagen plötzlich doch ganz schlüssig sind. Mehr zu dem Thema „Zuhören“ finden Sie in Kapitel 5.

Seien Sie offen für Neues: Intolerante Menschen kennen nur zwei Dimensionen, nämlich richtig oder falsch. Tatsächlich ist das Leben wesentlich vielfältiger. Vertreten Sie also nicht nur lautstark Ihre eigene Meinung, sondern lassen Sie auch andere Gedanken oder sachliche Kritik zu. Übrigens: Offen für neue Impulse zu sein, ist nicht nur ein Zeichen des Respektes, sondern auch der eigenen Stärke. Das Thema Neugierde wird Ihnen in Kapitel 5 auch wieder begegnen.

Prüfen Sie Ihre Vorurteile: Jeder hat seine lang gehegten Vorurteile. Das ist menschlich, steht Toleranz aber im Wege. Deswegen ist es wichtig, sich seine eigenen Vorurteile einzugestehen und sie immer mal wieder auf den Prüfstand zu stellen.

Entspannen Sie sich: Dauerstress mindert die Fähigkeit, sich in andere Personen hineinzuversetzen und Verständnis aufzubringen. Wenn der Körper im Überlebensmodus festhängt, fehlt es deshalb oft an Rücksichtnahme und Toleranz. Daher ist es wichtig, sich regelmäßig zu entspannen, um von einem hohen Stresspegel runterzukommen.

Bleiben Sie immer bei sich: Toleranz bedeutet nicht, unannehmbares Benehmen zu dulden und sich zum Fußabtreter für andere zu machen. Stehen Sie für Ihre Meinung ein.

Handeln – ohne ins Tun zu kommen, da kann man sich jedwede Reflexion schenken!

Ich bin mir sicher – viele Dinge, über die ich in diesem Kapitel schrieb, haben Sie schon in dem einen oder anderen Kontext gehört. Sicher hatten Sie sich auch einzelne Aspekte schon vorgenommen, vielleicht sogar über einen gewissen Zeitraum eingehalten und dann wieder aus den Augen verloren. Es wurde also keine Routine und somit keine Gewohnheit. Aber Handeln, Tun, Am-Ball-Bleiben sind Grundvoraussetzung, um sich dauerhaft von der Komfortzone in German Mut zu wandeln. Liegt es vielleicht an Ihrer persönlichen Motivation, in Altbewährtes zurückzufallen? Oder liegt es doch an Ängsten und Zweifeln?

Was uns am Handeln hindert …

1. **Die Angst, es könnte klappen:** Die Angst vor dem Erfolg hindert viele daran, ihre Ziele umsetzen zu können. Es gibt dann kein Zurück mehr.[38]
2. **Die Angst, es könnte nicht klappen, sondern schlimmer werden:** Die Angst vorm Scheitern bremst manchmal so sehr, dass Menschen nicht einen einzigen Schritt nach vorne gehen.[39]
3. **Die Angst vor Veränderungen:** Der Mensch ist ein Gewohnheitstier, wie wir bereits feststellten. Jedes Handeln bringt eine Veränderung mit sich, die eine Unbekannte ist. Aus diesem Grund leiden Menschen oftmals lieber, als sich aus der Komfortzone wegzubewegen.
4. **Angst vor Verantwortung:** Die Angst vor Verantwortung sich selbst oder anderen gegenüber ist dies, was Kant mit der selbst gewählten Unmündigkeit meinte.
5. **Der Zweifel, trotz Aufwand nichts bewirken zu können:** Diesen Zweifel widerlegt folgendes Zitat sofort: *„Falls du glaubst, dass du zu klein bist, um etwas zu bewirken, dann versuche mal zu schlafen, wenn eine Mücke im Raum ist.“*[40] *Dalai Lama*
6. **Unklarheit und Zweifel darüber, was man eigentlich will:** Viele Menschen wissen gar nicht, wer sie sind, was sie wollen,

warum sie es wollen, welches Wofür sie haben. Diese sollten sich diesem Kapitel besonders intensiv widmen.

Handeln setzt Motivation voraus!

„Motivation bezeichnet die Gesamtheit aller Motive (Beweggründe), die zur Handlungsbereitschaft führen, und das auf emotionaler und neuronaler Aktivität beruhende Streben des Menschen nach Zielen oder wünschenswerten Zielobjekten."[41]

Grundsätzlich lässt sich die Motivation eines Menschen in intrinsische und extrinsische Motivation aufteilen:

Bei der **intrinsischen** Motivation handelt es sich um einen Antrieb von innen heraus. Der Mensch tut etwas, das ihm Spaß macht, ihm Befriedigung verschafft, das ihn begeistert, herausfordert und gleichzeitig seinen eigenen Vorstellungen und Überzeugungen entspricht. Diese interne Motivation bringt den Menschen zum Beispiel dazu, hohe Berge zu erklimmen, einen Marathon zu laufen, Klavier zu spielen oder sich mit chemischen Formeln zu beschäftigen. Am Ende stehen hier nicht Vorteile, Belohnung oder Anerkennung von außen, sondern einfach die eigene Lust am Tun im Vordergrund, über die nicht nachgedacht wird.[42]

Bei der **extrinsischen** Motivation kommt der Antrieb von außen. Und hier kommen wir zum Reiss Motivation Profile®. Man kann einen Menschen nicht an seinen ureigensten Motiven vorbeimotivieren.

Wie Sie Ihre Persönlichkeit zusätzlich kennenlernen können und welche Methoden Ihnen dabei helfen

Sie haben bisher viele Informationen rund um die Themen Selbstreflexion, Authentizität, Identität, Sinn, Werte, Disziplin, Toleranz, Handeln usw. kennengelernt. Sie erhielten Tipps und Ratschläge, das Ausmaß und die Folgen dieser Kompetenzen bei sich selbst zu analysieren und weiterzuentwickeln. Sie haben die Optionen, ein Fixed Mindset in ein Growth Mindset zu wandeln, Toleranz zu lernen und sich in Disziplin zu üben. Darüber hinaus hat jedoch jeder Mensch eine Persönlichkeitsstruktur, die weniger dynamisch – geradezu statisch – ist. Ich möchte Ihnen drei Modelle vorstellen, anhand derer Sie Ihre statischen Charaktereigenschaften kennenlernen können.

Das Reiss Motivation Profile®

Das Reiss Motivation Profile® – kurz RMP – wurde von Steven Reiss entwickelt, einem weltweit bekannten amerikanischen Psychologieprofessor. Er fand in vielen Studien mit Tausenden von Probanden heraus, dass allen menschlichen Verhaltensweisen im Wesentlichen 16 Lebensmotive zugrunde liegen. Diese haben eine genetische Determination, also einen evolutionären Ursprung, werden aber von der Kultur, unseren Glaubenssätzen und unseren individuellen Erfahrungen geformt.

Die 16 Lebensmotive sind voneinander unabhängige Dimensionen („Faktoren"), welche einen hohen Erklärungswert in Bezug auf menschliches Verhalten aufweisen und auch eine hohe Vorhersagbarkeit von Verhalten besitzen. Jeder Mensch hat also – wie auch jeder seinen genetischen „Fingerprint" hat – einen Motivations-Fingerprint. Die verschiedenen Lebensmotive sind bei jedem Menschen in einer ihm eigenen Art und Weise kombiniert und stärker oder geringer ausgeprägt. Es wird somit der Individualität des Menschen Rechnung getragen und nicht versucht, Menschen diesen Typologien zuzuordnen.[43]

Ben Schulz und Brunello Gianella stellen in ihrem Buch „Wenn Turnschuhe nichts bringen" folgende These auf:

„Wer seine Motive nicht kennt, nicht weiß, was sein Handeln antreibt, lebt an seinen ureigensten Bedürfnissen vorbei."[44]

Ich kann dies nur bestätigen. Die Lebensmotive sind wie folgt:[45]

Anerkennung ⇨ Soziale Akzeptanz, Zugehörigkeit, positiver Selbstwert

Menschen mit einem starken Bedürfnis nach Anerkennung sind empfindlich gegenüber Kritik, Zurückweisung oder dem eigenen Versagen. Von anderen anerkannt und geschätzt zu werden, ist sehr wichtig für sie. Konflikte werden – wenn möglich – vermieden.

Menschen mit einem geringen Bedürfnis nach Anerkennung sind selbstbewusst und behaupten sich gern. Mit Kritik gehen sie sachlich um. Es kann sogar sein, dass sie sanfte Kritik oder Kränkung überhaupt nicht wahrnehmen.

Neugier ⇨ Wissen, Wahrheit

Menschen mit einem starken Bedürfnis nach Neugier interessieren sich für intellektuelle, kognitive oder geistige Fragen. Sie sind wissbegierig und wollen die Dinge und deren Zusammenhänge verstehen.

Menschen mit einem geringen Bedürfnis nach Neugier haben oft eine Abneigung gegen intellektuell anstrengende Betätigungen. Sie arbeiten lieber an konkreten Problemen und deren Lösung als an theoretischen Fragen und Zusammenhängen.

Essen ⇨ Nahrung, Kochen, Genuss

Menschen mit einem starken Bedürfnis nach Essen denken oft darüber nach und kochen auch gern.

Menschen mit einem geringen Bedürfnis nach Essen beschäftigen sich nicht gern mit Essen. Kochen oder das Planen von Mahlzeiten gehören nicht zu ihren Lieblingsbeschäftigungen.

Familie ⇨ Elternschaft, Erziehung eigener Kinder

Menschen mit einem starken Bedürfnis nach Familie gehen ihre Kinder über alles: Eine Familie zu haben, ist für sie der Inbegriff von Glück. Es bedeutet, dass Menschen ihre Kinder nicht nur lieben, sondern auch einen wesentlichen Teil ihrer Zeit mit ihnen verbringen wollen.

Menschen mit einem geringen Bedürfnis nach Familie empfinden die Pflichten des Elterndaseins auch gelegentlich als Last. Manche wollen keine eigenen Kinder.

Ehre ⇨ Loyalität, moralische Integrität

Menschen mit einem starken Bedürfnis nach Ehre finden es sehr wichtig, ihrem Verhaltenskodex gemäß moralisch zu handeln. Sie sind sensibel für Fragen von Anstand, Charakter, Moral und Prinzipien.

Menschen mit einem geringen Bedürfnis nach Ehre handeln zweckrational und pragmatisch.

Idealismus ⇨ Soziale Gerechtigkeit, Fairness

Menschen mit einem starken Bedürfnis nach Idealismus sind sensibel für soziale und humanitäre Fragen. Viele engagieren sich politisch, karitativ oder sozial. Aus der Welt einen besseren Ort zu machen, ist für sie ein zentrales Anliegen.

Menschen mit einem geringen Bedürfnis nach Idealismus sehen die Welt oft als „Realisten“. Sie versuchen, nicht aktiv in soziale oder humanitäre Bereiche involviert zu werden.

Unabhängigkeit ⇨ Freiheit, Autonomie

Menschen mit einem starken Bedürfnis nach Unabhängigkeit legen hohen Wert auf Autonomie. Oft fällt es ihnen schwer, Unterstützung durch andere anzunehmen. Sie agieren bevorzugt selbstbestimmt und lösen Probleme gern allein.

Menschen mit einem geringen Bedürfnis nach Unabhängigkeit finden es angenehm und beruhigend zu wissen, dass sie sich auf andere verlassen können. Sie arbeiten sehr gern im Team.

Ordnung ⇨ Stabilität, Klarheit, Struktur

Menschen mit einem starken Bedürfnis nach Ordnung organisieren gern und achten sehr auf Details. Am wohlsten fühlen sie sich in einem stabilen, berechenbaren Umfeld.

Menschen mit einem geringen Bedürfnis nach Ordnung schätzen ihre Flexibilität und haben eine Abneigung gegen das Organisieren und Planen. Sie sind häufig offen und tolerant gegenüber ungewissen und vieldeutigen Situationen.

Körperliche Aktivität ⇨ Bewegung, Fitness

Menschen mit einem starken Bedürfnis nach körperlicher Aktivität betätigen sich sehr gern körperlich und betreiben gern Sport. Sie legen großen Wert auf Fitness, Kondition und Vitalität.

Menschen mit einem geringen Bedürfnis nach körperlicher Aktivität ziehen einen geruhsamen Lebensstil vor und finden nicht ihre Erfüllung in körperlicher Betätigung.

Macht ⇨ Einfluss, Erfolg, Leistung, Führung

Menschen mit einem starken Bedürfnis nach Macht üben gern Autorität aus und setzen ihren Willen gern durch. Sie übernehmen gern Verantwortung und Führungsaufgaben. Sie sind ehrgeizig und streben nach Leistung und Kompetenz.

Menschen mit einem geringen Bedürfnis nach Macht wollen andere nicht gern beeinflussen, geben selten Ratschläge und Anweisungen und wollen nicht zu viel Verantwortung übernehmen.

Eros ⇨ Schönheit, Sex

Menschen mit einem starken Bedürfnis nach Eros gehen gern partnerschaftliche Beziehungen ein und flirten gern. Romantik kann ein dominierender Aspekt ihres Lebens sein. Das Bewundern alles Schönen, also der Sinn für Ästhetik, fällt ebenfalls unter dieses Motiv.

Menschen mit einem geringen Bedürfnis nach Eros unternehmen weniger Anstrengungen, um sich physisch attraktiv für das andere Geschlecht zu machen. Sie tendieren zu einem eher asketischen, wenig sinnlichen Lebensstil.

 Sparen ⇨ Sammeln, Eigentum

Menschen mit einem starken Bedürfnis nach Sparen heben Dinge auf und sammeln gern. Sie sind meist genügsame Menschen. Oft fällt es ihnen auch schwer, sich von Dingen zu trennen.

Menschen mit einem geringen Bedürfnis nach Sparen heben Dinge nicht gern auf und trennen sich auch leicht von ihnen. Sie sind meist großzügig.

 Beziehungen ⇨ Freundschaft, Freude, Humor

Menschen mit einem starken Bedürfnis nach Beziehungen lieben Geselligkeit, knüpfen gern Kontakte und schließen leicht Freundschaften.

Menschen mit einem geringen Bedürfnis nach Beziehungen leben lieber zurückgezogen und fangen selten ein Gespräch an. Sie haben einige enge Freunde, sind aber nicht bestrebt, ständig neue Freundschaften zu schließen.

 Status ⇨ Prestige, Ansehen, öffentliche Aufmerksamkeit

Menschen mit einem starken Bedürfnis nach Status fühlen sich zu allem hingezogen, was mit Prestige im weitesten Sinne zu tun hat: Reichtum, Titel, Prominenz, gesellschaftliche Stellung usw. Ihr Ruf ist diesen Menschen sehr wichtig.

Menschen mit einem geringen Bedürfnis nach Status sind durch Ansehen und Ruhm nicht leicht zu beeindrucken. Ihnen ist die Stellung, die andere in der Gesellschaft haben, nicht wichtig.

 Ruhe ⇨ Emotionale Sicherheit, Entspannung

Menschen mit einem starken Bedürfnis nach Ruhe machen sich oft Sorgen, empfinden das Leben als stressig und anstrengend.

Sie suchen Entspannung. Ruhe bedeutet für sie in dem Zusammenhang die Abwesenheit von Angst, Stress und Sorgen.

Menschen mit einem geringen Bedürfnis nach Ruhe sind oft abenteuerlustig, gehen Risiken ein und scheuen auch Gefahren nicht. Sie agieren oft mutig und unerschrocken.

Rache ⇨ Vergeltung, Wettbewerb

Menschen mit einem starken Bedürfnis nach Rache haben ein stark ausgeprägtes Bedürfnis, sich im Wettbewerb durchzusetzen. Streit oder Konflikten gehen sie nicht aus dem Weg, im Gegenteil, sie suchen Auseinandersetzungen und Situationen, in denen sie gewinnen können.

Menschen mit einem geringen Bedürfnis nach Rache gehen Konflikten lieber aus dem Weg. Es widerstrebt ihnen, mit anderen im Wettstreit zu stehen oder zu streiten – das Prinzip der Harmonie liegt ihnen weitaus mehr.

Neben unseren eigenen sollten wir auch die Lebensmotive der Menschen, mit denen wir tagtäglich zu tun haben, kennen, um zu verstehen, warum sie anders handeln als wir. Das schafft Toleranz und hilft, die richtigen Entscheidungen zu treffen. Wir verwenden das RMP® daher oft, um uns im Unternehmen „besser verstehen" zu können – im wahrsten Sinne des Wortes.

Ich empfehle, einmal Ihr persönliches Profil erstellen zu lassen. Das geht inzwischen ganz einfach per App. Mehr dazu erfahren Sie auf: *https://www.rmp.eu/*.

persolog® Persönlichkeitsmodell

Bei RMP® gingen wir auf unsere Lebensmotive ein, die weitestgehend statisch sind. Dieses Kapitel gibt nun einen Einblick in unser Verhalten. Das persolog® Persönlichkeitsmodell basiert auf dem ursprünglichen Modell von John G. Geier, der mit dem DISG-Persönlichkeitstest eine Typenlehre mit den Verhaltensdimensionen

- dominant,

- initiativ,
- stetig und
- gewissenhaft

entwickelt hat.

In dem Modell geht es darum, Verhalten sichtbar zu machen. Verhalten an sich ist situativ und variabel. Wir verhalten uns in unterschiedlichen Situationen und je Rolle, in der wir gerade unterwegs sind, anders. Das bedeutet also, dass es nicht DEN Dominanten gibt oder DIE Gewissenhafte, sondern es ist wie gesagt situations- bzw. rollenabhängig.

Die verschiedenen Verhaltensdimensionen im Überblick:[46]

Dominantes Verhalten

Verhaltens-tendenzen	**Ideales Umfeld**	**Mögliche Schwächen**	**„D" braucht andere, die ...**
• übernimmt das Kommando • veranlasst Dinge und bringt sie ins Rollen • zielt auf sofortige Ergebnisse • trifft schnelle Entscheidungen • nimmt Herausforderungen an • stellt bestehende Zustände infrage • packt Probleme geradewegs an	• eine starke, einflussreiche Position • neue, abwechslungsreiche Aufgaben • viel Bewegungsfreiheit bei der Arbeit • direkte Antworten, wenig Diskussionen • Herausforderungen und Ansehen • wenig Kontrolle und Beaufsichtigung • Gelegenheit zu persönlichen Erfolgen	• tendiert zur fehlenden Sensibilität gegenüber Gefühlen anderer • übersieht Risiken und Warnungen • stellt zu hohe Ansprüche an andere • verursacht Schwierigkeiten in Teams • nimmt sich zu viel auf einmal vor • tendiert dazu, wichtige Details zu vernachlässigen • übertreibt die Kontrolle von Menschen	• Routinearbeiten gern erledigen • besonnen und mit Vorsicht handeln • auf Details und Fakten achten • das Für und Wider gegenüberstellen • Risiken abschätzen und berechnen • Grundlagen erforschen, Details prüfen • sichere Entscheidungen vorbereiten

Initiatives Verhalten

Verhaltens-tendenzen	Ideales Umfeld	Mögliche Schwächen	„I" braucht andere, die …
• knüpft Kontakte, unterhält andere • schafft motivierende Atmosphäre • versprüht Optimismus, Begeisterung • steht gern im Mittelpunkt • arbeitet gern in einer Gruppe • drückt sich gut und klar aus • teilt Gefühle anderen offen mit	• freundliche, angenehme Atmosphäre • Befreiung von Detailarbeit und Kontrolle • Gelegenheit, Vorschläge zu machen • öffentliche Anerkennung der Fähigkeiten • gemeinsame Aktivitäten in der Freizeit • Schulung und Beratung anderer • freie Meinungsäußerung, Unterstützung	• tendiert dazu, Dinge nicht konsequent zu Ende zu bringen • Subjektivität bei Entscheidungen • kann Ergebnisse zu optimistisch einschätzen • tendiert dazu, zu viel zu reden, handelt zu impulsiv • versucht, zu viel auf einmal zu tun • mag es nicht, allein sein zu müssen • hat unbegründete Angst vor Ablehnung	• sich auf eine Aufgabe konzentrieren • Routine und Detailarbeit erledigen • aufrichtig, direkt und sachlich reden • sich an Zahlen und Fakten orientieren • systematisch und geplant arbeiten • Dinge statt Menschen bevorzugen • Vorgänge abarbeiten und kontrollieren

Stetiges Verhalten

Verhaltens-tendenzen	Ideales Umfeld	Mögliche Schwächen	„S" braucht andere, die …
• bleibt gern an einem festen Arbeitsplatz • vermittelnd, beruhigt aufgeregte Leute • konzentriert sich auf die Aufgaben • schafft ein stabiles, beständiges Umfeld • hält akzeptierte Arbeitsabläufe ein • entwickelt spezialisiertes Können • hört ruhig, gut und geduldig zu	• echte, ernsthafte Wertschätzung • möglichst keine Konfliktsituationen • Anerkennung für geleistete Arbeit • festes, abgegrenztes Aufgabengebiet • Begründungen für Veränderungen • geregelte, geordnete Vorgehensweisen • Gelegenheiten für persönlichen Austausch	• befürchtet Veränderungen • unter Druck keine Termintreue • ist zu nachsichtig und tolerant • unentschlossen, mangelnde Initiative • schiebt Dinge lange vor sich her • stellt eigene Wünsche zu sehr zurück • zu stark von Beziehungen abhängig	• neue Herausforderungen annehmen • Hilfe bei schwierigen Problemen bieten • schnell auf Veränderungen reagieren • Unvorhersehbares bewältigen können • Aufgaben delegieren • Initiative zeigen, Neues initiieren • Unangenehmes direkt angehen

Gewissenhaftes Verhalten

Verhaltenstendenzen	Ideales Umfeld	Mögliche Schwächen	„G" braucht andere, die …
• folgt Anweisungen und Normen • konzentriert sich auf Details • geht diplomatisch mit Menschen um • denkt kritisch und prüft Genauigkeit • akzeptiert Autoritäten bereitwillig • arbeitet unter geregelten Bedingungen • entscheidet analytisch, nachdem er alle Daten gesammelt und bewertet hat	• eine genaue Aufgabenbeschreibung • genügend Zeit zur Aufgabenerledigung • Gelegenheit zur sachlichen Kritik • Nachfrage nach Detail-/Qualitätsarbeit • Beibehalten bewährter Verfahren • Vorbereitung auf Veränderungen • Bestätigung und Sicherheitsgarantien	• verstrickt sich in Einzelheiten, Details • nicht loslassen und delegieren können • richtet sich genau nach Vorschriften • befürchtet, Fehler zu machen • zögert, neue Dinge auszuprobieren • ist empfindsam bei persönlicher Kritik • denkt zu vorsichtig und pessimistisch	• schnelle Entscheidungen treffen • Überzeugungsarbeit leisten können • Optimismus zeigen und ausstrahlen • wichtige Aufgaben gründlich erarbeitet haben wollen • unpopuläre Standpunkte aussprechen • kompromissfähig und flexibel sind Anweisungen nur als Richtlinien sehen

Was mindgym zu dem Thema sagt …

Wer oder was ist mindgym? mindgym ist der Personal Coach für Kopf und Seele – ein innovatives Beratungs- und Coachingunternehmen, welches mich bereits mit seinem Klappentext und dann von der ersten bis zur letzten Seite fasziniert hat. Wie die Gründer Octavius Black und Sebastian Bailey eingangs beschreiben, entstand die Idee zu „The Mind Gym" während eines Abendessens. Dabei plauderten sie über die Trends der vergangenen Jahre. In den 1980er-Jahren entstand ein neues Körperbewusstsein, in den 1990ern kamen die spirituellen Dinge auf und nun stellte sich ihnen die Frage, was in den 00ern kommen würde. Gemäß des Dreiklangs „Körper, Geist und Seele" war schnell klar – es muss um die geistigen Fähigkeiten gehen. Es wurde die Geburtsstunde eines Fitnessstudios für den Geist, basierend auf den besten Techniken und Trainings angewandter Psychologie und den innovativsten Gedanken über das Denken.

In ihrem Buch gehen die Autoren natürlich auch auf das menschliche Verhalten bzw. ihre Motivationen ein. So erklären sie sehr anschaulich, dass wir in der Regel unser Verhalten an bestimmte Situationen anpassen können, unsere innere Motivation jedoch weitaus weniger flexibel ist. Im Allgemeinen ließen sich vier Motivationstypen unterscheiden. Hierzu bedienen sie sich der Charaktere aus Sex and the City:[47]

Typ 1: Der Kümmerer: Charlotte

Charlotte ist die netteste der vier Protagonistinnen. Sie kümmert sich am meisten um andere, ihr sehnlichster Wunsch ist es, dass es allen gut geht. Bei Konflikten will sie instinktiv helfen.

Kümmerer

- wünschen sich Harmonie,
- sehen sich als Menschenkenner,
- haben ein geselliges, herzliches Wesen,
- gehen gern auf andere zu und sind erfolgreiche Netzwerker,
- halten stabile Beziehungen für enorm wichtig,
- zeigen gern Gefühle,
- sind loyal,
- geben um des lieben Friedens willen bei Meinungsverschiedenheiten nach,
- ziehen, wenn Entscheidungen zu fällen sind, gern andere hinzu (und wollen auch selbst gern gefragt werden),
- sind sozial und
- lieben es, anderen Menschen Ratschläge zu erteilen,
- wollen, dass man sie mag und schätzt.

Sie sind im besten Fall:

- ehrlich, hilfsbereit, freundlich und sozial.

Sie sind im schlechtesten Fall:

- einfältig, naiv, gluckenhaft und extrem neugierig.

Sie hassen:

- wenn jemand absichtlich ekelhaft ist; wenn erbarmungslos auf den Gefühlen von Menschen herumgetrampelt wird; Unsensibilität; Schikane; Sätze wie „Der Zweck heiligt die Mittel"; soziale Isolation.

Typ 2: Der Macher: Samantha

Samantha ist abenteuerlustig, schnell gelangweilt und ehrgeizig. Sie setzt ihre Interessen gnadenlos durch. Sie möchte respektiert werden.

Macher

- werden durch Herausforderungen, den Reiz des Neuen und das erfolgreiche Erledigen von Aufgaben motiviert,
- möchten so schnell wie möglich auf den Punkt kommen – und das gern als Erste,
- formulieren sofort ein neues, anspruchsvolles Ziel, sobald sie das vorherige erreicht haben,
- lassen sich schnell frustrieren, wenn eine Strategie oder der Lösungsweg noch nicht feststehen,
- fangen gern Projekte an, die sie nicht unbedingt zu Ende bringen,
- bringen Dinge ins Rollen, aber die Organisation und Umsetzung überlassen sie lieber anderen.

Sie sind im besten Fall:

- direkt, ehrgeizig, begeisterungsfähig, schnell von Begriff, entscheidungsfreudig, anspruchsvoll.

Sie sind im schlechtesten Fall:

- barsch, aggressiv, oberflächlich, unflexibel, streitsüchtig.

Sie hassen:

- Langeweile, Verzögerungen, Worte statt Taten; alles und jeden, der ihren Zielen im Weg steht.

Typ 3: Der Profi: Miranda

Miranda ist Anwältin und glaubt, dass der Teufel im Detail steckt. Jede Aufgabe wird ordentlich und gewissenhaft abgeschlossen.

Profis werden dadurch motiviert, dass sie etwas gut hinkriegen – sie suchen stets nach der optimalen Lösung. Die Perfektionssucht der Profis zeigt sich oft darin, dass sie die Ersten sind, die Lücken oder Fehler erkennen oder Lösungswege infrage stellen. Sie möchten die Freiheit haben, Dinge auf ihre Art zu durchdenken. Ihre Selbstgenügsamkeit macht es für andere schwierig, sie näher kennenzulernen.

Sie sind im besten Fall:

- unabhängig, originell, bestimmt, eigenständig, gründlich, genau.

Sie sind im schlechtesten Fall:

- abgehoben, pedantisch, kalt, umständlich, wichtigtuerisch.

Sie hassen:

- wenn etwas unfertig abgegeben wird, alles Überstürzte; wenn man ihnen sagt, wie sie etwas tun sollen; wenn sie ständig gestört werden; persönliche Fragen, große Egos, Jovialität.

Typ 4: Der Vermittler: Carrie

Carrie ist der Mittelpunkt und das Bindeglied der Freundinnen.

Vermittler

- sind eine Mischung aus den drei anderen Motivationstypen,
- finden es wichtig, Menschen zu respektieren und ihre Dinge ordentlich geregelt zu bekommen,
- mögen Flexibilität,
- versuchen, in allen Lebenslagen möglichst gelassen zu bleiben,
- sind bei Meinungsverschiedenheiten oft der Schlichter, da sie sich schnell in andere hineinversetzen können,
- passen sich gern an,
- probieren gern mal was aus,

- sind offen für Veränderungen.

Sie sind im besten Fall:

- flexibel, anpassungsfähig, teamfähig, ausgleichend, vielseitig.

Sie sind im schlechtesten Fall:

- schwach, intrigant, schmeichlerisch, wankelmütig, unfähig.

Sie hassen:

- Leute, die sich in etwas verrennen; Sturheit, extremes Verhalten.

Haben Sie sich irgendwo erkannt oder eine Vermutung, welchem Typus Sie entsprechen? mindgym hat zur Bestätigung oder auch Widerlegung der Vermutung einen kleinen unterhaltsamen Test entwickelt. Überlegen Sie sich eine Rolle in Ihrem Leben und gehen Sie die verschiedenen Schritte durch. Verteilen Sie zu diesem Zweck je Feststellung zehn Punkte auf die jeweiligen drei Aussagen. Bitte immer genau zehn verteilen. Je stärker die Aussage zu Ihnen passt, desto höher die Punktzahl. Eine Wertung kann aber auch 0, 5 und 5 sein. Hauptsache, Sie kommen auf die Summe zehn.[48]

1. Ich liebe es, wenn … a. Sachen ordentlich erledigt werden. b. sich alle, die dabei sind, gleichermaßen wohlfühlen. c. ich eine schwierige Aufgabe gemeistert habe.	**2. Ich schätze …** a. Freiheit. b. Freundschaft. c. Aufregung.
3. Ich hasse es, wenn ich das Gefühl habe, etwas … a. Unprofessionelles zu tun. b. zu tun, was keiner mag. c. Langweiliges zu machen.	**4. Es würde mich wirklich stören, wenn ich …** a. meine Unabhängigkeit verlieren würde. b. meine Verbündeten oder Freunde verlieren würde. c. meine Lust am Anpacken verlieren würde.
5. Ich nehme mir gern Zeit dafür, … a. etwas ordentlich zu machen. b. (neue) Leute besser kennenzulernen. c. neue Herausforderungen anzunehmen.	**6. Ich mag es, wenn ich …** a. mit meiner Arbeit weitermachen kann. b. im Zentrum des Geschehens stehe. c. Verantwortung übernehmen kann.
7. Ich mag Lob am meisten, wenn es … a. von einem Experten kommt. b. von Herzen kommt. c. wegen meiner Ergebnisse kommt.	**8. Ich bin so richtig in meinem Element, wenn ich …** a. die Lösung zu einem kniffligen Problem finden kann. b. anderen helfen kann. c. unter Zeitdruck arbeiten muss.
9. Die besten Entscheidungen fallen … a. aufgrund von Fakten. b. im Team, also gemeinsam. c. schnell.	**10. Mein Motto ist:** a. Wenn du etwas anfängst, dann bringe es auch ordentlich zu Ende. b. Behandle andere so, wie du selbst behandelt werden willst. c. Just do it.

Gesamtpunktzahl:

A. Profi = B. Kümmerer = C. Macher =

Auswertung:

- Sie haben in einer Kategorie mehr als 45 Punkte? Sie entsprechen diesem Typ am ehesten.
- Sie haben in allen Kategorien zwischen 22 und 44 Punkte? Sie sind ein Vermittler.
- Sie haben keine Punkte über 45, aber eine Kategorie unter 22 Punkten? Dann sind Sie ein Mischtyp. Beispiel: A = 41, B = 41, C = 18. Sie sind ein Profi oder Kümmerer.

Kapitel 4 – Werde zur mutigsten Version deines Selbst!

Herzlich willkommen in Teil II meines Buches. Dem Teil, in dem es ausschließlich um Lösungen für die bisher genannten Herausforderungen geht und ich mich Ihnen als Unternehmer vorstelle. Verzeihen Sie die Schwarzmalerei der ersten Kapitel. Aber erst ein gewisses Maß an Betroffenheit rüttelt uns Menschen auf, die Komfortzone zu verlassen und etwas zu bewegen. Und manchmal braucht es nur einen kleinen Anstoß, um in die Veränderung zu kommen. Ein einziger kleiner losgetretener Stein kann eine riesige Lawine auslösen – etwas, woran ich leicht nervös denken musste, als ich vor Kurzem auf einem Klettersteig unterwegs war … Immer wieder fragte ich mich auf der Tour, was in Dreigottesnamen ich da machte: War es Mut, Leichtsinn oder gar Blödsinn? Was bedeutet das überhaupt: Mut … Ist es – wie manche sagen – das Fehlen von Angst? Ich glaube nicht. Zumindest nicht, wenn ich mit meiner latenten Höhenangst im Berg hänge. Da halte ich es lieber mit John Wayne: „Mut ist, wenn man Todesangst hat, aber sich trotzdem in den Sattel schwingt.“ [1]

Mut – Bereitschaft, angesichts zu erwartender Nachteile etwas zu tun, was man für richtig hält …

So steht es im Duden: „Fähigkeit, in einer gefährlichen, riskanten Situation seine Angst zu überwinden; Furchtlosigkeit angesichts einer Situation, in der man Angst haben könnte.“ Mut ist so facettenreich wie die Individualität der Menschen. Was für den einen ein weltrekordverdächtiger Sprung über den eigenen Schatten ist, ist für einen anderen nicht einmal ein kleiner Hopser.

Die bunte Vielfalt von Mut

Genauso facettenreich zeigt sich Mut in den unterschiedlichsten Bereichen des Lebens:[2] „So bezieht sich **moralischer** Mut auf die Fähigkeit, für Überzeugung und Werte einzustehen, auch wenn diese nicht populär sind. **Emotionaler** Mut wird sichtbar, wenn man Verletzungen oder Verlust überwindet. Beim **physischen** Mut begibt man sich in gefährliche

Situationen, um sich selbst oder andere zu schützen, während **kreativer** Mut beim Verfolgen innovativer Ideen zum Tragen kommt. **Selbstreflexiver** Mut bezieht sich auf die Fähigkeit, Fehler zu machen, zu akzeptieren und daraus zu lernen. **Kultureller** Mut hinterfragt Werte und Normen. **Intellektueller** Mut scheut sich nicht vor neuen Ideen und Reflexion, auch wenn sie dem bisherigen Wissen widersprechen, und **sozialer** Mut kommt in zwischenmenschlichen Situationen zum Vorschein, wenn er Interaktionen initiiert und sich für die Rechte anderer einsetzt."

Ich finde diese Einteilung von Prof. Dr. Reinhardt sehr einprägsam und umfassend. Jeder dieser Punkte ist entscheidend für Unternehmer und Führungskräfte, um wirksam sein zu können. Jede dieser Formen von Mut basiert auf Selbstreflexion, Empathie, Vertrauen und Ehrlichkeit. Jede dieser Facetten entspringt unserem inneren Wertesystem und ist intrinsisch. Und zu guter Letzt: Jede Art von Mut kann trainiert werden.

„Mut ist wie ein Muskel. Je öfter du ihn benutzt, desto stärker wird er." Ruth Gordon[3]

Mut zeigt sich in zahlreichen Situationen[4]

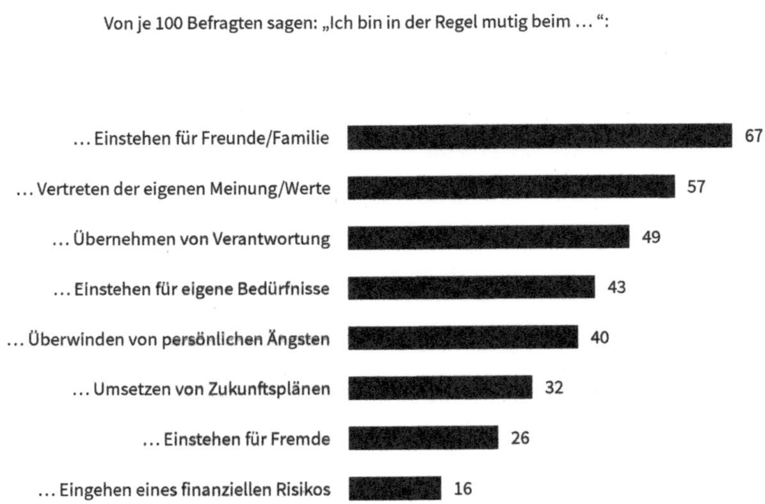

Betrachten wir diese Grafik einmal von der unternehmerischen Seite. Einstehen für Freunde und Familie bedeutet auch Einstehen für Kollegen und Mitarbeitende – in einem gesunden Unternehmen mit einem authentischen Wir-Gefühl. Menschen brauchen Menschen, sie brauchen emotionalen Beistand, Unterstützung und eine vertraute Person in schwierigen Zeiten.

Der Mut, seine eigene Meinung, die eigenen Werte mit erhobenem Haupt zu vertreten, sich nicht dem Gruppenzwang oder dem Chef zu unterwerfen, ist in meinen Augen eine herausragende Leistung. Eine Eigenschaft, die ich bei meinen Mitarbeitenden sehr schätze – wenn sie souverän und nicht laut oder aggressiv vertreten wird.

„Mut bedeutet, für seine Handlungen verantwortlich zu sein, sie keinem anderen zu übertragen und für ihre Folgen auch einzustehen." Ulrich Reinhardt [5]

Kennen Sie den Begriff der alleinigen Verantwortung? Das Geradestehen mit der eigenen Persönlichkeit für Erfolge und Misserfolge? Eine harte Übung, die wirklich viel Mut braucht. Ebenso wie das Überwinden der persönlichen Ängste. Hätte ich die erfolgreiche Firma meines Vaters übernommen, statt mich in einem anderen Bereich selbstständig zu machen, wäre mir die eine oder andere Erfahrung erspart geblieben. Aber wer weiß, wie dann mein Leben verlaufen wäre, und ich bin sehr glücklich, so wie es ist.

Mein Weg zum Unternehmer

Ich brauche Herausforderungen. Das ist mein Naturell. Ich packe an, übernehme Verantwortung und sitze Entscheidungen nicht aus. Aber nicht laut und nie auf Kosten anderer. Meistens ging es auch wirklich gut. Eine Herausforderung hingegen beutelte mich schwer. Längst vergessen geglaubte Stimmen kamen auf, die mir sagten: „Du schaffst das nicht." „Das ist nichts für dich." Aber beginnen wir von vorne.

Ich weiß, was ich nicht will!

Die wesentlichste Weiche stellte sich mir, als ich 1998 mein Maschinenbaustudium Fachrichtung Mechatronik antrat. Zur Finanzierung meines Studiums hatte ich einen Job in einem IT-Unternehmen angenommen, um dort als Werkstudent Computer zusammenzuschrauben und andere Tätigkeiten zu erledigen. Anscheinend hatte ich mich ganz gut angestellt, da mir mein damaliger Chef schnell Aufgaben überließ, die nur Festangestellten oblag – Geräte anschließen, reparieren und Server-Netzwerke betreuen. Ich lernte viel in der Zeit, da es mir schon immer Spaß machte, durch Handeln zu lernen, also praktisch, und mir das nötige Wissen zügig selbst anzueignen. Ich gehöre nicht zu den Menschen, die gut aus dem Lehrbuch und rein theoretisch lernen – ich suche mir raus, was ich für stimmig und sinnig halte und praktisch anwenden kann. Das hat letztendlich dazu geführt, dass ich innerhalb von zwei Jahren wie ein ausgebildeter IT-Techniker agieren konnte und mittelständische Unternehmen betreute.

Ab da wusste ich – ich mache mich selbstständig. Auch, weil ich mir nicht vorstellen konnte, mein Leben lang als Maschinenbauer die einzelnen Zähne eines Zahnrades zu zeichnen oder generell in diesem Beruf mein Glück zu finden. Ich schmiss mein Studium und machte mich im Jahr 2000 als kleiner Einzelunternehmer auf den Weg.

Jetzt erst recht!

Ich habe einen Dickkopf, wenn ich persönlich einen Sinn in einer Sache sehe. Wenn mir jemand sagt, dass etwas nicht geht, versuche ich zu verstehen, warum es nicht gehen sollte – das löst bei mir so eine Art von Trotz aus, der mich dazu bringt, mit dem Kopf durch die Wand zu gehen.

So war es seinerzeit auch, als ich als Grünschnabel zur IHK ging, sagte, ich wolle mich selbstständig machen, und lediglich milde belächelt wurde. Wäre absolut unrealistisch und würde ich sowieso nicht schaffen. Bei mir drückte das jedoch nur den „Jetzt erst recht"-Knopf.

Auch in meinem Elternhaus kam diese Idee nicht sonderlich gut an. „Das macht keinen Sinn. Lass die Finger davon." Entgegen den IHK-Mitarbeitenden meinte es aber vor allem mein Vater in guter Absicht. Schließlich hatte er nie diese Wahlmöglichkeit. Vergeblich riet er mir: „Mach das nicht, studiere, mach irgendwas, was dir Spaß macht, aber lass die Finger von der Selbstständigkeit." Was ich allerdings verstand, war: „Das schaffst du nicht."

Ein Unternehmen wächst

Als Unternehmer bin ich wohl eher ein Exot. Ich treffe nicht jede Entscheidung rational, einige Entscheidungen zeigen ihren Sinn erst Monate oder Jahre später als Teil des „Großen und Ganzen" – und somit den oft unausgesprochenen Plan in meinem Kopf.

Im Laufe der Jahre ist mir bewusst geworden, dass ich dafür frei sein muss in all meinen Entscheidungen. Abhängigkeiten von anderen bedeutet immer, nur so mutig sein zu können wie der Beteiligte mit dem wenigsten Mut. Ich kann keine mutigen Entscheidungen treffen, ohne unabhängig zu sein. Daher habe ich mich von Anfang an dazu entschieden, keine Kapitalgeber oder externe Dienstleister in Anspruch zu nehmen. Alle Leistungen unseres Unternehmens werden von unseren Mitarbeitenden abgedeckt.

Die Freiheit und Unabhängigkeit habe ich persönlich immer einem schnelleren Wachstum und größerer Expansion vorgezogen. Wir konnten nur das investieren, was wir auch zuvor erwirtschaftet hatten. Organisches Wachstum eben. Der Preis für die Möglichkeit, mutige Entscheidungen zu treffen, Dinge auszuprobieren und damit scheitern zu können (ja, für mich ist es immer noch ein Privileg, mit Dingen zu scheitern und daraus lernen zu können), ist ein langsameres Wachstum. Wo unsere Wettbewerber mit riesigen Budgets arbeiten konnten, mussten wir mit einfachen Mitteln auskommen – der Erfolg spricht jedoch auch für unser Konzept. Nach vielen Jahren linearen Wachstums wächst das Unternehmen in den letzten Jahren eher exponentiell. Mit dem Wachstum müssen Strukturen auf- und ausgebaut werden. Eine flache Führungsstruktur ist dabei für mich sehr wichtig – ich muss dicht an meinen Führungskräften und Mitarbeitenden sein. Aktuell sind wir knapp 90 Mitarbeitende, da ist viel passiert in den letzten Jahren. Aber eines blieb immer konstant: mein Verständnis von Unternehmersein.

Unternehmer aus Leidenschaft: der Mensch im Mittelpunkt!

Als Unternehmer möchte ich Ziele erreichen. Wirtschaftlicher Erfolg ist dabei sicher das häufigste Ziel, das Unternehmen verfolgen. Für mich noch wichtiger ist jedoch, dass ich etwas hinterlasse. Etwas, das bleibt. Egal welches Unternehmen welche Ziele verfolgt, es gibt etwas, das alle Unternehmen eint: Das Ziel ist nur mithilfe der Mitarbeitenden zu erreichen. Sind die Mitarbeitenden nun Mittel zum Zweck? Nicht selten werden Maschinen und Werkzeuge besser gepflegt und behandelt als die Menschen – regelmäßige Wartung, Überprüfungen und viele Prozesse werden etabliert und mit großem Aufwand aufrechterhalten. Schließlich hängt der Erfolg des Unternehmens davon ab, dass die Maschinen laufen. Nachvollziehbar.

Auch in unserem Unternehmen müssen Maschinen, Geräte, Server usw. laufen, gar keine Frage. Aber aus meiner Sicht ist das Wichtigste im Unternehmen der Mitarbeitende. Um ihn/sie müssen wir uns kümmern – ohne Mitarbeitende funktioniert nichts. Jede Investition in die Mitarbeitenden sorgt dafür, dass das Unternehmen erfolgreich sein kann.

Was hat das mit German Angst und German Mut zu tun? Sind wir ehrlich: Wenn die wirtschaftliche Lage angespannt ist, wenn es darum geht, den Gürtel enger zu schnallen, was wird dann getan? Wo wird gespart? An Vergünstigungen, am Entgegenkommen des Unternehmens zum Mitarbeitenden – es sind ja freiwillige Leistungen, da muss der Mitarbeitende dann eben drauf verzichten. Und als Nächstes an Investitionen: Das Geld können wir jetzt nicht ausgeben, klappt ja auch so und dann dauert es eben länger oder Frau Müller und Herr Maier müssen mehr von Hand machen. Von außen betrachtet völlig kontraproduktiv. Denn: Besonders in schwierigen Zeiten brauchen wir die Motivation, Innovation und den Einsatz der Menschen. Gerade dann muss ich meinen Mitarbeitenden Sicherheit und Transparenz geben, muss sie motivieren und unterstützen. Nur so bekomme ich das, was dem Unternehmen in herausfordernden Phasen hilft. Ich erwarte gerade in solchen Zeiten von meinen Führungskräften, dass sie unsere Mitarbeitenden noch mehr in den Mittelpunkt stellen und sich überlegen, was zusätzlich getan werden kann.

Unternehmer sein bedeutet für mich, Verantwortung zu übernehmen.

Meinen Mitarbeitenden gegenüber

Um mit den Menschen im Unternehmen bestmögliche Ergebnisse im Sinne der Unternehmensziele zu erreichen, muss ich mir als Unternehmer über meine Verantwortung meinen Mitarbeitenden gegenüber im Klaren sein. Ich bin verantwortlich, dass ein auf die Zielerreichung ausgerichtetes Arbeitsumfeld besteht, und muss bestrebt sein, dies stetig zu verbessern. Gleichzeitig bin ich verantwortlich dafür, dass die Mitarbeitenden als Menschen in der Lage sind, ihr volles Leistungspotenzial zu nutzen. Das wiederum können sie nur, wenn sie als ganzer Mensch wahrgenommen und geführt werden – und nicht nur als der Teil, der direkt für den Beruf bzw. die Aufgabe relevant ist. Ein Mitarbeitender, der im privaten Umfeld „Land unter" hat, wird beruflich nicht voll leistungsfähig sein, wird Entscheidungen nicht frei treffen und weit weniger kreativ arbeiten können. Wenn es dann im beruflichen Umfeld ebenfalls zu erhöhter Belastung kommt, wird der Mitarbeitende im „Autopilot" laufen, rein nach seinem inneren Betriebssystem im Notlaufmodus. Als Führungskraft dann Leistung zu fordern, ist sinnlos.

Es ist also wichtig, sich seiner Verantwortung für die Mitarbeitenden als Ganzes bewusst zu werden, ohne die spezifischen Grenzen zur Privatsphäre zu verletzen. Meiner Erfahrung nach erfordert diese Herangehensweise sehr viel Mut – schon allein deshalb, da ich als Führungskraft selbst zugeben muss, Mensch zu sein, Sorgen und Probleme zu haben. Nur wenn ich selbst die schützende Mauer öffne, werde ich einen Zugang zum Mitarbeitenden bekommen. Für viele Führungskräfte ist es schwer zuzugeben, dass man selbst nicht frei von Fehlern ist, nicht jeder Tag nur mit Erfolgen gespickt ist. Und es funktioniert, wie so vieles, nur von oben nach unten – von der Unternehmensleitung durch die Führungsebenen bis zum Mitarbeitenden.

Hinsichtlich der Konsequenzen meiner und unserer Entscheidungen

Verantwortung für die Konsequenzen unserer Entscheidungen und Handlungen zu übernehmen, ist ebenso wichtig. Ein wesentlicher Baustein ist dabei: zu den eigenen Fehlern zu stehen. Ich habe immer versucht, mich im Außenverhältnis schützend vor meine Mitarbeitenden zu stellen – die Verantwortung zu übernehmen. Wenn Fehler gemacht oder falsche Entscheidungen getroffen wurden, lagen diese immer bei mir selbst. Wurden Erfolge kommuniziert, ist es immer der Erfolg des Teams.

Im Innenverhältnis erwarte ich jedoch von allen Mitarbeitenden die Übernahme der Verantwortung. Fehler zu machen, ist kein Problem, es lässt sich für alles eine Lösung finden, wenn Fehler offen kommuniziert werden und dazu gestanden wird. Ein Problem wird es immer dann, wenn keiner schuld ist – oder der andere. Daher ist es eine Frage der Haltung. Auch hier gilt: Welchem Mitarbeitenden kann ich ein solches Handeln im Unternehmen vorwerfen, wenn es bis zur Unternehmensleitung genauso vorgelebt wird? Nur wenn ich selbst vorlebe,

Verantwortung zu übernehmen, den Mut zu haben, die Konsequenzen zu tragen und für mein Handeln einzustehen, kann ich es auch von meinen Führungskräften erwarten. Aber dann darf ich es auch erwarten und einfordern. Und erst wenn das Verhalten bei den Führungskräften angekommen ist und gelebt wird, können Führungskräfte es von ihren Mitarbeitenden erwarten und einfordern.

Unternehmer sein bedeutet für mich: Wertschätzung, Respekt und Vertrauen!

Für mich gibt es keine Unterschiede zwischen Menschen, die einen anderen Umgang oder eine andere Wertschätzung oder Achtung rechtfertigen – weder hinsichtlich ihres Geschlechts, ihrer Religion, ihrer sexuellen Orientierung noch ihrer Herkunft. Jeder Mensch verdient den gleichen respektvollen Umgang. Allein sein Handeln oder seine Haltung kann mich dazu bringen, diesen Vorsatz zu verwerfen. Manch einer nimmt das als „bodenständig" wahr – für mich ist das aber einzig und allein ein wertschätzender und respektvoller Umgang miteinander. Das lebe ich nicht nur selbst, sondern erwarte es auch von all meinen Führungskräften und Mitarbeitenden. Im Laufe der Jahre habe ich dabei festgestellt, dass eine weitere Komponente sehr wichtig ist: Vertrauen. Dazu eine kleine Geschichte, in der mir als Chef das Thema Vertrauen so richtig bewusst wurde.

Eine wirklich schlimme Situation löst eine einmalige Lösung aus

Vor vielen Jahren hat bei uns ein netter junger Mann gearbeitet. Er war beliebt, hat immer geholfen und war sich für keine Arbeit zu schade. Trotz eines schwierigen Lebenswegs hat er sich respektvoll durch eine Umschulung in den neuen Beruf eingefunden und dort fachlich gut etabliert.

Jedoch rückte er einigen Mitarbeiterinnen immer wieder auf die Pelle. Eine betroffene Kollegin wandte sich an ihre Vorgesetzte und bat um Hilfe. Diese hatte in ihrem alten Unternehmen Erfahrung mit anzüglichen Bemerkungen und zudringlichen Herren gemacht und sich damals ebenfalls ihrem Chef anvertraut. Seinerzeit hat sie dazu eine Antwort bekommen wie „Sie wissen doch, wie er ist, stellen Sie sich nicht so an, da müssen Sie eben durch". Und hat genau so auch in unserem Fall reagiert. Auch wenn viele Menschen, die solche Aussagen hören, im ersten Moment schockiert sind: Leider ist genau diese Reaktion Alltag. Der Betroffene wird nicht ernst genommen, es findet eine Verschiebung der Schuld statt („Wenn Sie sich so kleiden, müssen Sie ja damit rechnen …“) und es wird nicht als das gesehen, was es ist: sexualisierte Gewalt.

Erst viele Wochen später hat sich eine andere Kollegin an mich persönlich gewandt. Die Aufarbeitung dieser Vorgänge war für mich unglaublich schwer. Es ist mir unverständlich, wie jemand, ganz gleich ob Mann, Frau oder divers, ein „Nein“ nicht akzeptiert und die Grenzen überschreitet. Daher war für mich auch klar, dass es hierbei keine halbherzige Lösung geben kann. Die rote Linie in einem solchen Fall ist sehr deutlich.

Der erste Schritt bestand im Schaffen der Fakten. Es waren etliche Frauen betroffen und nur in Einzelgesprächen im geschützten Raum kam alles ans Licht. Der „Täter“ selbst war geständig, die Beweislast (wenn man das so nennen kann) ohnehin erdrückend. Eine sofortige Trennung war dabei die einzig mögliche Lösung. Aber damit fingen die Arbeit und die Herausforderung erst an. Warum konnte so etwas passieren? Wie kann es sein, dass die Prinzipien der Führung und die Verantwortung für die Mitarbeitenden so missachtet wurden? Warum ist eine der Betroffenen nicht sofort zu mir gekommen, um die versagte Hilfe zu bekommen?

Ich habe eine Expertin zum Thema Sexualisierte Gewalt engagiert und mit ihr das weitere Vorgehen geplant. Wir führten zahlreiche Gespräche und veranstalteten Workshops mit den weiblichen und männlichen Mitarbeitern sowohl getrennt als auch gemeinsam. Zudem absolvierten wir mit den Frauen ein kurzes Selbstverteidigungstraining. In einem weiteren gemeinsamen Workshop mit allen Mitarbeitenden stellten wir Regeln zum Umgang miteinander auf – dabei haben Frauen und Männer gleichermaßen offen gesagt, was ihnen wichtig ist, was geändert, aber und vor allem, was auch beibehalten werden soll. Die Beteiligung aller Mitarbeitenden war atemberaubend.

Daraus ist unter anderem das Konzept der Vertrauenspersonen entstanden – um eine vertrauensvolle Anlaufstelle außerhalb der Führungsstrukturen zu haben. Führungskräfte und Mitarbeitende müssen mutig sein, auch heikle Themen offen anzusprechen und damit umzugehen.

Die Lösung war die Etablierung unserer Vertrauenspersonen

Die meisten Menschen haben in ihrem Leben viele schlechte Erfahrungen gemacht und sind sehr vorsichtig, jemandem einen Vertrauensvorschuss zu geben. Für neue Mitarbeitende ist das oft eine Herausforderung, sich in unser Team mit sehr viel Vertrauen einzufinden. Wir vertrauen einander und sind auch bereit, neuen Mitarbeitenden einen Vertrauensvorschuss zu geben. Oft muss das Vertrauen aber wachsen und durch positive Erfahrungen im Team gefestigt werden – schließlich sind wir gerade für neue Mitarbeitende erst einmal Fremde. Jemandem zu vertrauen, erfordert Mut. Zu groß ist oft die Angst, enttäuscht zu werden. Und Vertrauen wechselt aus dem rein geschäftlichen „Ich“ in das private „Ich“ – sowohl bei Führungskräften als auch bei Mitarbeitenden.

Warum ist Vertrauen für die Mitarbeitendenführung und das Treffen von Entscheidungen so wichtig? Die wenigsten Probleme und Konflikte im Arbeitsalltag sind rein geschäftlich . Die Führungskräfte sind immer Führungskraft und privater Mensch, Eltern, Geschwister, Kinder, Enkel, Freund und vieles mehr. Wenn eine Situation eskaliert, gibt es immer eine geschäftliche und eine private Komponente, die dabei eine Rolle spielen und die Situation günstig oder ungünstig beeinflussen. Nur wenn Vertrauen besteht, kommt man an die „echte“ Ursache des Problems heran. Nur wer Vertrauen hat und Vertrauen genießt, kann hinter die Kulisse schauen.

Um für unsere Mitarbeitenden diese Hürde des Vertrauens möglichst niedrig zu halten, haben wir Vertrauenspersonen. Diese werden alle zwei Jahre von unseren Mitarbeitenden vorgeschlagen und gewählt. Sie sind zur Vertraulichkeit verpflichtet und Ansprechpartner für alle Mitarbeitenden und sämtliche Themen, die jemanden belasten: Seien es Konflikte untereinander oder mit Führungskräften, Probleme im Arbeits- oder privaten Umfeld oder wenn man einfach mal jemanden zum Reden braucht.

Die Vertrauenspersonen hören zu, beraten, vermitteln oder holen sich interne oder externe Hilfe mit dazu – immer mit Zustimmung der Betroffenen.

Unsere Vertrauenspersonen sind dabei kein Betriebsrat – im Unternehmen gibt es auch keine Bestrebungen, einen Betriebsrat zu gründen. Ich binde zusammen mit meinen Führungskräften alle Mitarbeitenden in viele Entscheidungen ein und unser Bestreben ist, dass der Mitarbeitende stets im Mittelpunkt steht – auch als unser wichtigstes Wirtschaftsgut.

Unternehmer sein bedeutet für mich: auf die Passung zu achten

Die Menschen in unserem Unternehmen haben vieles gemein – vor allem das Mindset. Bereits im Bewerbungsprozess stellen wir fest, ob die Kandidaten in unsere Welt passen oder nicht. Wenn wir einen Mitarbeitenden einstellen würden, der zwar fachlich gut passt, aber zwischenmenschlich andere Werte vertritt, dann würde er früher oder später vom Organismus abgestoßen und keine Akzeptanz im gesamten Team finden. Für mich hat sich im Lauf der Jahre bzw. Jahrzehnte bewährt, Mitarbeitende aufgrund dessen, wie sie sind, welche Werte sie vertreten und wie sie sich engagieren, einzustellen. Bis jetzt sind es deutlich mehr positive Bauchentscheidungen als negative – für mich ein Grund, bei der Strategie zu bleiben.

Bewerbungsunterlagen waren für mich schon immer wenig aussagekräftig. Viel wichtiger waren und sind die Gespräche, um die Menschen kennenzulernen und zu versuchen, in kürzester Zeit herauszubekommen, wie sie „ticken". Für viele Positionen nutzen wir dafür mittlerweile das Reiss Motivation Profile® (www.rmp.eu), welches Sie aus Kapitel 3 kennen. Anhand dieses Tools lassen sich zum Beispiel Teamzusammenstellungen bewerten und innerhalb eines Teams potenzielle Schwächen durch Stärken ausgleichen.

Unternehmer sein bedeutet für mich: Chancengeber zu sein

Wir sind ein Unternehmen mit einem integrierten Managementsystem. Das bedeutet, wir haben für alles festgelegte Prozesse und Verantwortlichkeiten. Wenn jemand eingestellt werden soll, gibt es eine Stellenbeschreibung, eine Anforderung, einen Genehmigungsprozess und einen umfangreichen Auswahlprozess. Aber fernab von der „genormten" Art, Stellen zu besetzen, gibt es noch eine ganz andere Art: das Bauchgefühl.

Während im normalen Prozess sehr stark auf Qualifikationen geschaut wird, halte ich die Augen immer offen nach interessanten Menschen. Menschen, die so ticken wie wir als Unternehmen, wie ich als Mensch. Menschen mit dem gleichen oder einem ähnlichen Wertegefüge. Wenn ich auf einen solchen Menschen treffe, läuft das alles anders. Ein Beispiel dafür ist ein ehemaliger Mitarbeiter, der zuvor Postbote war.

Ein Postbote im Marketing

Vor vielen Jahren habe ich einen Menschen kennengelernt, der als Postbote gearbeitet hat. Er mochte den Job, war viel draußen, traf en masse Menschen und hatte Spaß. Seine zweite Leidenschaft war das Fotografieren. Er hatte einen Blick für Details, eine klare Sicht auf die Dinge und Talent in der grafischen Gestaltung. Für mich war schnell klar: Diesem Menschen eine Chance und Perspektive zu geben, wird eine ungeheure Motivation auslösen, sich in diesem Beruf zu behaupten. Obwohl ich keine Stelle geplant, ja nicht mal eine Stelle als Marketing-Mitarbeitender hatte, stellte ich ihn ein. Ohne Ausbildung, ohne spezielle Kenntnisse in diesem Bereich. Es hat sich gezeigt, dass Wollen viel wichtiger ist als Können. Er ist aufgeblüht, hat sich aus- und fortgebildet und wurde zu einem sehr guten Grafiker. Dazu hat er sich in das Thema Videoschnitt eingearbeitet. Nach vielen Jahren bei uns wagte er dann den Schritt in die eigene Selbstständigkeit und gründete sein eigenes Unternehmen. Wo andere den Misserfolg sehen, „erst mühevoll ausgebildet und läuft dann weg“, freue ich mich unbändig über den Erfolg. Derselbe Mitarbeiter hat den Begriff „Chancengeber“ geprägt, der mich seitdem begleitet.

So war und ist es bis heute: Ich suche nach Chancen, ohne die formellen Anforderungen in den Vordergrund zu stellen. Ich suche Menschen, die zu uns passen, die motiviert und mutig sind. Mutig, neue Herausforderungen zu meistern, sich neuen Aufgaben zu stellen und mit Leidenschaft zu arbeiten. Ich bin also nicht nur mehr oder weniger ein Chancengeber, sondern auch ein Mutmacher. Und bringe meinen Führungskräften immer wieder bei: Anderen eine Chance zu geben, heißt, euch selbst eine Chance zu geben, Neues zu erreichen. Anderen Mut zu machen, bedeutet, selbst mutig sein.

Unternehmer sein bedeutet für mich: Mutmacher zu sein

Eine Chance zu haben, ist das eine – sie zu ergreifen etwas ganz anderes. Ich erlebe Menschen oft in massivem Maße eingeschüchtert. Unsere Gesellschaft und viele Unternehmen sind eher auf Vermeidung ausgerichtet als auf Erreichung (siehe Kapitel 2 und 5). Die große Angst, Fehler zu machen, steckt tief in uns allen und je älter die Menschen sind, desto stärker scheint dieses Gefühl ausgeprägt zu sein. Es erfordert viel Energie und stetiges Daran-Arbeiten, um Mitarbeitende und Führungskräfte zu ermutigen, Entscheidungen zu treffen. Und in Fehlern eine Chance zu sehen. Nicht mit eingezogenem Kopf zu „beichten", was falsch gelaufen ist, sondern aufrecht zu berichten, was man daraus gelernt hat, und die Verantwortung zu übernehmen. Ich muss am Tag Hunderte Entscheidungen treffen und sicher sind einige davon nicht richtig. Aber ich freue mich an jedem Tag darüber, wenn ich aus einem Fehler wieder etwas lernen kann.

Gerade in den letzten Jahren, insbesondere nach vielen schweren beruflichen Erfahrungen (die Geschichte dazu folgt), ist mir bewusst geworden: Es ist ALLES für etwas gut. Das WOFÜR und das WANN sind in der Situation oft nicht klar, meist dauert es eine ganze Weile, bis sich zeigt, wofür genau der Mist, der vor x Wochen passiert ist, gut ist oder war.

Diese Erkenntnis verschafft tiefe Ruhe und Frieden. Vermeidliche Katastrophen kann ich zumeist entspannter sehen als andere und dadurch deutlich objektiver betrachten. Das bringt einen unschätzbaren Vorteil im Umgang mit Mitarbeitenden und Führungskräften: Es schafft Sicherheit, Vertrauen und die Gewissheit, dass es eine Lösung gibt.

Wenn ich zurückschaue, haben mich die größten Fehlentscheidungen in meinem Leben immer weitergebracht – ich möchte keine dieser Erfahrungen missen.

Unternehmer sein bedeutet für mich: soziales Handeln

Ich erwähnte bereits, dass mir vor dem wirtschaftlichen Erfolg das Wohl meiner Mitarbeitenden, aber auch der Menschen in unserer Umgebung am Herzen liegt. Mir ist bewusst, dass wir nicht allein die Umwelt retten oder die Menschheit besser machen können. Aber wir können im Kleinen durchaus etwas bewirken. Wie der Dalai Lama so schön sagte: „Falls du glaubst, dass du zu klein bist, um etwas zu bewirken, dann versuche mal zu schlafen, wenn eine Mücke im Raum ist." Daher bewegen wir uns in unserem engsten Umfeld. Mir ist wichtig, etwas Nachhaltiges zu bewirken und andere Menschen und Unternehmer dazu zu ermutigen, sich ebenfalls zu engagieren. Zwei Beispiele sozialen Handelns möchte ich Ihnen gern vorstellen.

Unser Eulennest

Die erste Aktivität sozialen Handelns ereignete sich nach der Geburt meines ältesten Kindes, als ich die Erfahrung machte, dass es unglaublich schwierig ist, eine Kinderbetreuung für unter Dreijährige zu finden, und unter welch schwierigen und unplanbaren Bedingungen Tagesmütter arbeiten. Zuerst war ich wegen dieser desaströsen Lage verzweifelt, dann wütend. Das geht absolut gegen mein soziales Wesen. Ich finde es schlichtweg unmöglich, gerade bei der Betreuung unserer Kleinsten so zu sparen und die Verantwortung der Kommunen und Städte, für ausreichende Betreuungsplätze zu sorgen, auf die „Tagesmütter" (Tagespflegepersonen) abzuwälzen. Daher sagte ich: „Okay, wenn wir jetzt neu bauen, dann sehen wir Räumlichkeiten dafür vor, eine Kinderbetreuung einzurichten, um unseren Eltern einen schnellen Wiedereinstieg in den Beruf zu ermöglichen."

Nun darf man nicht mal eben eine Kinderbetreuung innerhalb des Unternehmens ins Leben rufen, sondern muss eine ganze Reihe von Vorgaben einhalten und mit vielen Stellen sprechen. Also habe ich Kontakt zum Jugendamt aufgenommen, um die Genehmigung einer Kindertagesstätte einzuholen. Dort angekommen, fühlte ich mich in das Jahr 2000 zurückkatapultiert, als die IHK mich wegen meiner Pläne zur Selbstständigkeit auslachte. Diesmal sagte mir der Ansprechpartner des Landkreises sinngemäß: „Lass mal, das hat keinen Wert, das funktioniert so sowieso nicht." Im Endeffekt war es ein „Wir haben das noch nie in dieser Form gemacht". Die beteiligten Städte, die für ausreichend U3-Plätze sorgen müssen, nehmen zwar die von uns bereitgestellten Plätze gern – eine Unterstützung konnte hier aber nicht gegeben werden. Und wieder aktivierte es meinen „Jetzt erst recht"-Knopf.

Mittlerweile beschäftigt unser Eulennest in wunderschönen hellen Räumen und mit einem tollen Garten drei fest angestellte Tagesmütter. Sie haben die gleichen Benefits und Möglichkeiten wie alle anderen Mitarbeitenden und können sich dank der von unserer Verwaltung übernommenen Aufgaben ganz auf die Betreuung und Entwicklung der Kinder konzentrieren. Aber auch hier brauchte es Mut, dem Kreis die Stirn zu bieten und ein wirklich tolles Projekt in die Tat umzusetzen.

Heute pflegen wir mit dem Kreis einen sehr guten und wertschätzenden Umgang – wir sind zwar nach wie vor eine Art Sonderfall, aber ich hoffe durch viel Werbung auf Nachahmer. Leider fehlt es nach wie vor vielfach an Mut zur Umsetzung – vorgeschoben werden dann Platzprobleme, keine Ressourcen, Kosten oder was auch immer. Der Bedarf ist nach wie vor riesig und der Mehrwert für Unternehmen und Mitarbeitende unbezahlbar. Neben unzähligen Mitarbeitenden, die im Laufe der Jahre unsere Betreuung bis zum Übergang in die Kita in Anspruch genommen haben, nutzen Eltern aus der ganzen Region unser Angebot und die Möglichkeit, mit gutem Gefühl schnell wieder in den Beruf einzusteigen.

Wenn ich heute aus meinem Bürofenster schaue, kann ich den Kindern beim Spielen im Sandkasten, im Spielhaus, auf der Nestschaukel oder dem wackelnden Känguru zuschauen. Ich sehe die Freude und die Begeisterung, mit der sie die Welt wahrnehmen, den Mut, immer neue Dinge auszuprobieren, Hindernisse zu überwinden und sich dabei gegenseitig völlig selbstlos zu unterstützen – und denke mir: Wie viel haben wir davon verloren, als wir älter und schließlich erwachsen wurden.

Künstler an Bord

Eines Morgens bekam ich einen aufgeregten Anruf meiner Kollegin. Ich selbst war zu einem mehrtägigen Kundenworkshop in Stuttgart und gerade auf dem Weg zum Frühstück. Aufgeregt erzählte sie mir, dass die Hausfassade des Firmengebäudes mit Schriftzügen und undefinierbaren Symbolen besprüht worden sei. Nachdem ich sie etwas beruhigt hatte, kam die Frage: Was tun? Wir verständigten uns auf den üblichen Weg: Bereich absperren, Polizei und Versicherung informieren, alles dokumentieren, Aufzeichnung der Überwachungskameras sicherstellen usw.

Damit war der Fall für mich erst einmal erledigt. Ich hatte allerdings nicht damit gerechnet, dass auf den Videoaufnahmen deutliche Hinweise zu sehen sein würden. Doch auf den Aufnahmen waren zwei Personen zu erkennen, die sich nachts am Gebäude zu schaffen machten und „kreativ“ tätig wurden. Überraschend: Bei einer der beiden Personen, augenscheinlich ein Pärchen, war der Schriftzug eines lokalen Sportvereins zu erkennen und sogar ein Name ließ sich erkennen.

Eine kurze Internetrecherche ließ einen sehr konkreten Verdacht entstehen. Nun wurde es kniffelig. Was jetzt? Der einfache Weg wäre gewesen, die Polizei ihre Arbeit machen zu lassen. Die Ermittlung der Täter würde schnell erledigt, der angerichtete Schaden bei uns auf viele Tausend Euro berechnet und von den Verursachern eingefordert werden. Und dann? Verhandlung, Verurteilung – im Grunde richtig, aber mit Blick auf meine Werte fühlte sich das alles andere als richtig an.

Auch wenn ich nicht verstehe, warum jemand das Eigentum eines anderen mutwillig beschädigt, sind es doch häufig tendenziell Menschen, die ohnehin an der Gesellschaft verzweifeln oder ihren Platz nicht recht finden. Ist Bestrafung dann das angestrebte Ziel oder ist es eher Führung? Eine Perspektive bieten? Ich kannte die Mutter der vermeintlichen „Täterin“ zumindest dem Namen nach und versuchte mein Glück mit einem Anruf. Auch wenn ich niemanden zu Unrecht beschuldigen wollte, war es mir ein Anliegen, zumindest eine Brücke zu bauen, um die Sache möglicherweise auf meine Weise zu regeln. Das Gespräch war für mich schwierig, ein sprichwörtlicher Eiertanz. Letztlich brachen jedoch die offene Art und die gebaute Brücke das Eis. Ja, es wäre durchaus möglich, dass ihre Tochter so etwas gemacht habe, sie sei immer verschlossener, komme mit der Gesellschaft und den Regeln nicht zurecht und wäre enttäuscht vom Leben, perspektivlos.

Ich organisierte ein ernstes Gespräch mit den beiden Verursachern – eben besagte Mutter bot an, dabei zu sein. Die beiden waren geständig, hatten jedoch weder einen Bezug zur Höhe des angerichteten Schadens noch ein Empfinden für das sich daraus ergebene Problem. Nach deutlichen Worten dämmerte es langsam bei den beiden und sie waren überrascht, dass wir von mehreren Tausend Euro Schaden sprachen. Je mehr die beiden erzählten, desto deutlicher wurde mir, dass Bestrafung hier der falsche Weg wäre. Was ihnen fehlte, war Halt, ein Ziel und eine Richtung. Aufgrund dieser Erkenntnis bot ich ihnen die Möglichkeit, den Schaden bei uns abzuarbeiten. Die beiden „Künstler“ (wie sie liebevoll genannt werden) erhielten einen Minijob und stotterten mit ihrem Stundenlohn die benötigte Summe ab. Vor Arbeitsbeginn wurden nochmals die Regeln für diese Absprache klar kommuniziert: Zuverlässigkeit, Gründlichkeit, Ehrlichkeit. Dazu ein Vertragswerk, in welchem die Verpflichtungen geregelt waren. Im Gegenzug sorgten wir dafür, dass die Polizei diesen Fall nicht weiterverfolgte.

Als Nächstes informierte ich alle Mitarbeitenden über den Sachverhalt. Mir war wichtig, dass die beiden „Künstler" von allen genauso wie alle anderen Mitarbeitenden behandelt werden. Eine Abwertung ihrer Person oder Arbeit würde nicht toleriert. Zudem sollten beide die Möglichkeit bekommen, auch in den einzelnen Abteilungen einfache Arbeiten zu übernehmen, um Einblicke in die Berufe zu erhalten und festzustellen, dass geregelte Arbeit nicht gleichzusetzen mit dem Ende des Lebens ist.

Über einen Zeitraum von mehreren Monaten haben die beiden ihren angerichteten Schaden bei uns abgearbeitet. Nicht immer haben sich beide an die vereinbarten Regeln gehalten, aber wir haben immer einen Weg gefunden – schon ein wenig wie in der Kindererziehung. Sie erledigten Gartenarbeiten, führten Maler- und Reinigungsarbeiten durch und beteiligten sich an Prozessen im Unternehmen. Sie waren aber auch bei den Firmenfesten und -veranstaltungen dabei und genossen die Vorteile, die jeder andere Mitarbeitende auch hat. Sie sind Teil des Teams geworden – offener und kommunikativer. Beide haben zusätzlich Praktika in den von uns angebotenen Ausbildungsberufen durchgeführt und vielleicht etwas gefunden, was ihnen Spaß macht.

Für das alles habe ich im ersten Moment Kritik und Lob gleichermaßen bekommen – von Mitarbeitenden und Externen. Letztlich ist es sicher ein Risiko, einen solch „anderen" und vor allem schwierigeren Weg zu gehen, abzuweichen vom Standard, der im Grunde keinen Aufwand bedeutet. Was wir mit den beiden Künstlern gemacht haben, war zweifelsohne sehr aufwendig. Letztlich werden wir für den Schaden kaum etwas bekommen haben, wenn wir die Kosten für die Betreuung und Begleitung, Nebenkosten usw. betrachten würden. Aber das, was wir gemeinsam erreicht haben, ist viel mehr wert: Unsere Mitarbeitenden und Führungskräfte haben erlebt, dass es sich lohnt, Mut zu haben, dass Führung auch völlig anders geht, was Wertschätzung und Zielsetzung bei Menschen auslösen kann und welche Ressourcen Menschen besitzen, die man viel zu schnell in eine Schublade steckt. Und damit nicht nur diesen Menschen eine Chance verwehrt, sondern auch sich selbst.

Unternehmer sein bedeutet für mich: nach vorne zu schauen

„Die Zukunft wird nicht von denen gemeistert, die am Vergangenen kleben."
Willy Brandt

Beim Gedanken an dieses Thema fällt mir ein Zitat ein: „Verstehen kann man das Leben oft nur rückwärts, doch leben muss man es vorwärts." Søren Kierkegaard

Die Vergangenheit ist wichtig für uns, als Menschen, als Führungskräfte, als Unternehmer. Nur wenn ich meine Vergangenheit kenne und verstehe, kann ich lernen. Ich verstehe, warum ich als Mensch in bestimmten Situationen so und nicht anders handle, ich weiß, was mich geprägt hat und was mir Energie raubt oder welche gibt. Die Vergangenheit hat uns zu der Person gemacht, die wir heute sind. In der Vergangenheit zu leben, bedeutet aber auch Stillstand. Sich nicht weiter entwickeln. Nicht mehr lernen. Kein Einlassen auf Neues.

Gegenwart ist Zukunft – jetzt in diesem Moment ist nichts mehr, wie es war. Dieser philosophisch anmutende Gedanke ist wissenschaftlicher Fakt: Wir können nur erfolgreich sein, wenn wir offen für Veränderungen sind, immer wieder lernen wollen und uns Herausforderungen stellen – wenn wir weiter hungrig sind und nicht den Kopf in den Sand stecken. Es braucht eine gewisse Dynamik, denn was wir heute planen, müssen wir vielleicht schon morgen umwerfen, um erfolgreich sein zu können. Die große Herausforderung: Wir müssen gleichzeitig transparent und zielorientiert für unsere Mitarbeitenden sein – ein Balanceakt, der nicht immer gelingen kann.

Unternehmer sein bedeutet für mich: eine wertvolle Unternehmenskultur zu leben

Ohne Sinn ist es sehr schwer, Menschen zu motivieren. Wir wollen wissen, warum/wofür wir etwas tun. Wenn wir in unserem Tun einen Sinn erkennen, fällt es uns viel leichter, uns dafür zu engagieren. Da wir tendenziell Angst vor Veränderungen haben, braucht es einen großen Motivator, um uns überhaupt zu Veränderungen zu bewegen. Als Führungskräfte fällt es uns dagegen oft schwer, das „große Bild" und den Sinn an unsere Mitarbeitenden zu kommunizieren, zumal wir uns oft selbst nicht die Mühe machen, das Bild zu verstehen oder den Sinn zu erfassen. Wir machen eben einfach. Und so sehen dann auch die Ergebnisse aus.

In einem kleinen Unternehmen ein Wir-Gefühl zu etablieren und zu halten, ist recht einfach. Solange der Unternehmer eine gute Führungskraft ist, authentisch, visionär und wertschätzend und die Frage des Warums klar kommuniziert, entsteht dieses Gefühl fast von allein. Je größer ein Unternehmen ist oder wird, desto schwieriger wird diese Aufgabe.

Ich selbst habe die einzelnen Phasen durchlebt, mit allen Höhen und Tiefen. Angefangen bei einem kleinen Team, das es den größeren, etablierten Unternehmen zeigen wollte, das für gute Qualität und Kundenzufriedenheit gestanden hat. Menschen, die mit mir zusammengearbeitet haben, weil sie genau wussten, wie sie nicht arbeiten wollten und wie sie von Kunden erlebt werden sollten.

Mit dem Wachstum des Teams hat sich daraus eine immer größere Familie entwickelt. Dieser Organismus hat neue, nicht passende Mitarbeitende eigenständig abgestoßen – wer nicht das passende Mindset hatte, wurde nicht akzeptiert. Aber letztlich war der Spirit des Unternehmers überall spürbar – es gab keine Abteilungen, keine dazwischenliegende Führungsebene, die dem im Weg gestanden hätte.

Irgendwann zwischen 35 und 50 Mitarbeitenden kam dann die große Krise. Wer lange, teils von Anfang an, dabei war, konnte sich nicht mehr mit dem Unternehmen identifizieren. Ich konnte nicht mehr überall und immer ansprechbar sein. Im Organismus hatten sich Mitarbeitende angesiedelt, für die es nur ein Job war – ohne Leidenschaft und ohne außergewöhnliches Engagement. Dass diese im System geduldet wurden, führte zu Frust bei den Etablierten.

Eine schwierige Zeit, die aus heutiger Sicht zwei Auswege hatte: Wieder kleiner werden und auf eine Größe schrumpfen, die gesund zu handeln ist. Oder weiterwachsen, Strukturen einführen und eine neue Kultur finden. Es hat viele Jahre gebraucht, bis der zweite Weg funktioniert hat. Es ist heute nicht mehr wie früher, aber es gibt einen stabilen Kern engagierter und enthusiastischer Menschen, die das Unternehmen und den Geist tragen. Wir haben Abteilungsleitungen gebildet, in sich selbst verantwortliche Bereiche. Statt Führungskräfte von außen zu holen, habe ich mich für die organische Lösung entschieden: Wir sind ein junges Team mit vielen Entwicklungsmöglichkeiten und unsere Führungskräfte kommen aus dem operativen Bereich der jeweiligen Abteilung. Und ja, die Fehler, die ich als junger Unternehmer gemacht habe, machen meine Führungskräfte auch. Trotz vieler Fort- und Weiterbildungen und guter Ratschläge. Es macht uns menschlich. Auch wenn es schwerfällt zu akzeptieren, dass eben nicht alle mit vollem Elan bei der Sache sind. Es gibt immer Menschen, für die ist der Job eben nur ein Job. Die sich auf Kosten anderer „durchschleichen" und ausruhen – und auch noch von den Kollegen gedeckt werden.

Mir fiel es als Unternehmer oft schwer, das Ziel zu definieren und an meine Mitarbeitenden zu kommunizieren. Ich habe mich schon beim Entschluss, mich selbstständig zu machen, gefühlt, als würde ich am Ufer eines großen Meeres stehen. Ich wusste nicht, was mich dort draußen erwartet, ich wusste nicht, wie es dort aussieht, ich wusste nur, ich muss dorthin. Vielleicht war es die Herausforderung, genau das zu tun, wovon mir mein Vater immer abgeraten hat (eben nicht selbstständig zu werden). Heute weiß ich: Ja, ich brauche die Herausforderung, ich ziehe sehr viel Energie aus diesen Dingen – aber mein großes Ziel ist es, etwas zu hinterlassen.

Die Suche nach der Frage, wer wir als Unternehmen sind und wohin wir wollen, hat im Kreis unserer Führungskräfte stattgefunden – und die Antwort führte zu unserem neu entstandenen Leitbild. Wir können nun klar formulieren, wer wir sind, was wir wollen und warum wir tun, was wir tun. Für uns alle hat unser Leitbild eine große Kraft und hilft uns, Entscheidungen zu treffen. Es verhilft uns zu einem WIR.

Wir sind nun knapp 90 Mitarbeitende und ich kann sicher nicht behaupten, dass wir ein einheitliches WIR-Gefühl umsetzen konnten. Es ist jeden Tag eine neue Herausforderung. Während für den einen das Leitbild Dreh- und Angelpunkt des täglichen Miteinanders ist, ist es für andere nur eine plakative Phrase, die nur zum Lösen von Problemen herangezogen wird. Wir müssen jeden Tag daran arbeiten, Vorbild sein und unsere Werte aktiv leben. Unser Beitrag als Führungskräfte bestimmt, ob und wie erfolgreich das WIR entsteht. Nicht nur in der eigenen Abteilung, sondern in allen Abteilungen – vom Facility-Manager bis zum Geschäftsführer.

Wenn ich heute zurückblicke, kann ich diese Reise am besten mit folgendem Bild beschreiben: Ich stehe nicht mehr am Ufer des endlosen Meeres, an dem ich als Jugendlicher immer gestanden habe und wusste: Da hinaus will ich! Ich bin die ersten Schritte gegangen, habe mir Material zum Bau des ersten Bootes gesammelt und auf meinem Weg Menschen gefunden, die mir begeistert gefolgt sind und hinter dem Gedanken gestanden haben. Wir sind gemeinsam im Hafenbecken gesegelt und einige haben mir beim Bau eines größeren, mächtigeren Schiffes geholfen. Gemeinsam mit vielen anderen und mir traten sie die Reise auf das große, weite Meer an. Aus dem zusammengebastelten kleinen Boot ist ein professionelles Schiff geworden, die Verantwortlichkeiten sind klar geregelt, das Ziel ist allen bekannt und wir lernen Tag für Tag voneinander und von der rauen See. Wir sind gemeinsam auf der großen Reise und ein echtes Team.

Es braucht Mut, um neue Wege zu gehen. Es braucht Mut, um nicht einfach ein Leitbild festzulegen, sondern dieses gemeinsam zu entwickeln. Und es braucht Mut, den Menschen nicht als reine Arbeitskraft zu sehen – denn das macht auch uns als Führungskräfte nahbarer, aber auch verletzlicher. Aber genau das ist gut: Unsere Mitarbeitenden wollen keine entfernten, unnahbaren Halbgötter – sie wollen und brauchen Menschen, die sie führen. Menschen, die Fehler machen und Schwächen haben, genau wie sie selbst auch. Denen sie vertrauen können und die ihnen vertrauen.

Nicht wir machen Erfahrungen, sondern die Erfahrungen machen uns

Aber es hat einen Grund, warum es so ist, wie es heute ist – und das war meine schwerste Herausforderung. Sie geschah zu einer Zeit, in der wir als Unternehmen mit 30 Mitarbeitenden sehr gut als Team agierten und am Markt topplatziert waren. Alles lief reibungslos und wie am Schnürchen. Zugegeben – für mich war die Phase fast schon zu ruhig. Wie gesagt, ich brauche Herausforderungen. Und genau in dieser ruhigen Phase kam ein Unternehmensberater auf mich zu und bot mir ein Unternehmen 80 Kilometer von Dillenburg zum Kauf an.

Auf dem Papier las sich das so, als wäre es ein Unternehmen ähnlich dem unsrigen, sowohl vom Inhalt der Tätigkeit als auch von der Größe her. Ich schob das Angebot eine Weile auf meinem Schreibtisch von rechts nach links und zurück, aber etwa nach einem halben Jahr dachte ich mir, „schau dir das mal an". Und als auch noch die Bank und der Steuerberater sagten, „das ist ein gutes Geschäft, mach das", habe ich es gekauft – mit Mann und Maus.

Die Katze im Sack …

Leider stellte sich heraus, dass es überhaupt nicht gut um das Unternehmen stand. Geschönte Zahlen, die Mitarbeitenden kündigten einer nach dem anderen, interne Machtkämpfe waren Alltag. Es war durch die Bank weg eine Katastrophe, die mich viel Geld und noch mehr Energie kostete.

Parallel dazu konnte ich mich natürlich nicht mehr mit der gewohnten Energie und persönlichen Zuwendung meinem eigenen Unternehmen widmen. Oft – zu oft – war ich an dem anderen Standort; über eine Autostunde entfernt. Dort schlug ich mich mit Problemen herum, die von meinen Kollegen in Dillenburg keiner bewerten konnte. Ich war weg, hatte keine Zeit für mein Team und das führte schlussendlich zu Unmut.

… richtete mehr Schaden an, als auf den ersten Blick zu erkennen war!

Schlimmer noch – in der Phase sind sehr gute Mitarbeitende weggelaufen, die sich einfach nicht mehr wohlfühlten, weil das nicht mehr das familiengeprägte Unternehmen war, das schöne Miteinander, welches sie gewohnt waren. Aus Sicht der Mitarbeitenden völlig nachzuvollziehen. Ich hatte mich dazu entschlossen, etwas zu kaufen, was riesengroße Probleme machte und diese kleine Welt, in der wir uns alle sehr wohlgefühlt hatten, letztlich bedrohte und auch ein Stück weit zerstörte. Ich war einfach zu viel weg – auch, um die Zeichen der Unzufriedenheit meiner Mitarbeitenden früher zu erkennen. In Summe eine Zeitspanne von anderthalb, zwei Jahren, in der ich jeden Tag das Gefühl hatte, es geht bergab.

Und ich spürte diesen großen Stein, den ich schon sehr lange mit mir herumtrug, mit einer unfassbaren Kraft zuschlagen. Dieses schwere Ding, auf dem draufsteht: „Du schaffst das nicht."

Jeder Weggang eines Mitarbeitenden ist für mich immer eine persönliche Niederlage, bis heute, an der ich emotional zu knapsen habe (mal abgesehen von solch erfreulichen Fällen wie „Paule"). Die Aussage, dass Mitarbeitende Führungskräfte und nicht das Unternehmen verlassen, halte ich für richtig. Daher nehme ich jede Kündigung – die Gott sei Dank sehr selten sind – zum Anlass, an mir zu arbeiten.

Die richtigen Menschen an meiner Seite zu haben

Ich bin extrem robust, belastbar und leidensfähig. Das gepaart damit, dass ich schon immer sportlich war und auch körperlich einiges wegstecken konnte, rettete mir ein Stück weit in dieser Zeit den Kopf. Aber ich bin überzeugt: Ohne die richtigen Menschen an meiner Seite wäre ich nicht so stark aus der Situation herausgekommen.

An erster Stelle steht da meine wunderbare und verständnisvolle Frau. Sie kennt mich seit fast 30 Jahren und hat mich durch alle 24/7-Phasen seit den Anfängen meiner Selbstständigkeit mit viel Stabilität und Ruhe begleitet. Auch der Ausgleich, den ich in meinem privaten Umfeld durch Ehrenamt und Sport hatte, ließ mich durch diese schwere Zeit kommen. Aber den tatsächlichen Wendepunkt läutete mein Berater von der Commerzbank ein. Er machte sich ein Bild davon, wer ich bin – als Mensch und Unternehmer –, und entschied bei der Finanzierungsentscheidung nach dem Faktor Mensch. Er traute mir zu, die Unternehmen in eine glückliche Zukunft zu lenken. Nur eine Bedingung hatte er: „Nimm dir einen Unternehmensberater und mach eine vernünftige Planung. Und dann finanzieren wir das Ganze mit."

Auch dank meiner einzigartigen Mitarbeitenden – die Analystin der Unternehmensberatung, welche das Unternehmen und mich bis ins Kleinste schonungslos auseinandernahm – haben wir diese Zeiten überstanden. Sie gehört mittlerweile auch zu unserer „Familie".

Heute ist es so, dass dieser Mühlstein, der um meinen Hals hing, nicht mehr existent ist. Ich weiß, dass ich den einmal getragen habe, aber den Gedanken, dass ich irgendetwas nicht schaffen kann, habe ich seit dieser Zeit nicht mehr.

Was ich hinterlassen möchte

Wenn ich in die Zukunft schaue, habe ich die Hoffnung, dass mein Unternehmen ein Stück weit wie ein kleiner Funke ist, der vielleicht zu etwas Größerem wird und andere Menschen und Unternehmer verstehen, dass man auch mit Kleinigkeiten schon Großes bewirken kann. Wir sind kein Großunternehmen, wir können weder die Umwelt retten noch die Menschheit zu etwas Besserem bringen. Aber wir können bei uns im Kleinen versuchen, und das tatsächlich mit all unseren Mitarbeitenden, unseren Teil für eine bessere Zukunft beizutragen. Das fängt bei uns als Team an. Wenn wir miteinander wertschätzend umgehen, aufeinander achtgeben, dann hat das Auswirkungen auf die Familien und die Angehörigen von unseren Mitarbeitenden. Ein Mitarbeitender, der hier gut gelaunt ist, der geht auch gut gelaunt nach Hause. Und wenn er zu Hause mal Stress hat, kann er das bei uns kompensieren. Das ist für mich der erste Schritt dahin, ein anderes Mindset zu erzeugen. Ich hoffe sehr, dass sich mehr Unternehmen finden, die sich ihrer Verantwortung gegenüber ihren Mitarbeitenden und der Gesellschaft bewusst sind, um ein friedliches Miteinander zu ermöglichen.

Dabei ist mir die Publicity völlig egal. Für mich ist es wichtig, dass unser Tun etwas bewirkt. Ich denke, das ist unserer Gesellschaft über die Generationen hinweg verloren gegangen. Dieses aufeinander Achten und Erkennen, dass man nicht allein unterwegs ist. Das ist etwas, was ich bei der jüngeren Generation immer seltener sehe. Wobei die Ursache sicher bei den Eltern zu suchen ist, die ihren Kindern dieses Wertegefüge nicht in der Form mitgeben, wie wir es vielleicht erlebt haben. Natürlich kann auch ein Unternehmen bestehen, ohne sich solche Gedanken um seine Mitarbeitenden zu machen, ohne großes soziales Handeln. Dann werden privat keine Ehrenämter mehr ausgeübt. Man engagiert sich nicht, kümmert sich nicht um seine Mitmenschen.

Aber für mich ist das eine ganz grausliche Vorstellung von Gesellschaft. Dem möchte ich in jedem Fall ganz massiv entgegenwirken, mit allem, was mir irgendwie zur Verfügung steht, und dafür sorgen, dass es zumindest in unserem kleinen Umfeld human läuft.

Und vielleicht wird in 100 Jahren ein Knirps an unserem Standort vorbeilaufen und sagen: „Da hat meine Oma gearbeitet und war sehr glücklich. Der alte Blöcher war ein Vorreiter, wie man mit seinen Mitarbeitern umgehen kann, sagt meine Oma immer.“ Das ist doch tausendmal mehr wert, als einen Porsche in der Garage stehen zu haben.

Kapitel 5 – Welches Management es für eine stabile Zukunft braucht – raus aus den Korsetts!

Alexander der Große beginnt seinen Feldzug 334 v. Chr. und besiegt in den folgenden elf Jahren die Perser, Ägypter und Inder. Dabei legt er einen Weg von rund 32.000 Kilometern zurück – und mit ihm 40.000 Soldaten.

Als erster Mensch zog Hannibal mit einem Heer über die Alpen bis in den Norden Italiens. Die Reise im Jahr 218 v. Chr. dauerte 16 Tage. Mit dabei: 37 Elefanten, 50.000 Soldaten und 9.000 Reiter. Beide Feldherren ritten voran, litten Hunger und froren bitterlich.

Am 1. Dezember 1955 weigert sich die Afroamerikanerin Rosa Parks, ihren Platz im Bus für einen Weißen zu räumen. Ohne ihr mutiges „Nein" hätte der damals unbekannte Martin Luther King nicht zum Busboykott aufgerufen, in dessen Folge die Rassentrennung im Nahverkehr für immer aufgehoben wurde und weitere Bürgerrechtsbewegungen auslöste.

Nelson Mandela gilt als wichtigster Wegbereiter für das demokratische Staatswesen in Südafrika. Sein wichtigstes Prinzip war der gewaltfreie Kampf. Er wollte Veränderung ohne Blutvergießen erreichen und hat sich immer für friedliche Lösungen eingesetzt. 1963 stand Nelson Mandela wegen Anstiftung zur Revolution in Südafrika vor Gericht und wurde zu lebenslanger Haft verurteilt. 27 Jahre verbrachte er hinter Gittern, kehrte aber ungebrochen aus der Haft zurück. Nur wenige Jahre nach seiner Gefangenschaft wurde er vom neuen Parlament seines Landes zum ersten schwarzen Präsidenten gewählt. Seine Präsidentschaftszeit nutzte er, um weiter für Frieden und Gerechtigkeit einzutreten.

Hans und Sophie Scholl waren in der Nazizeit Mitglieder der Widerstandsgruppe „Weiße Rose". Sie versuchten, sich gegen Hitlers Regime zu wehren, indem sie unter anderem Flugblätter verteilten. Im Februar 1943 wurden sie beim Auslegen von Flugblättern an der Münchner Universität ertappt und der Gestapo gemeldet. Schon wenige Tage später wurden sie zum Tode verurteilt und hingerichtet. Hans war damals

25 und Sophie 22 Jahre alt. Sie gelten vielen Menschen als Vorbilder, weil sie bereit waren, auch unter Lebensgefahr ein menschenfeindliches Regime zu bekämpfen. Dieser beispiellose Mut beeindruckt noch heute unzählige Menschen.

Warum zähle ich diese Geschichten auf? Was haben diese Menschen gemeinsam? Sie sind Vorbilder. Sie haben sich gegen Konventionen gewandt, nicht auf Bedenkenträger gehört, sondern „ihr Ding" durchgezogen. Frei nach dem berühmten Kalenderspruch: „Alle sagten: Das geht nicht. Dann kam einer, der wusste das nicht und hat's einfach gemacht."

Auch Sie sind Vorbild für Ihre Mitarbeitenden, Kunden, Kollegen, Konkurrenten, Familie, Freunde usw. Als Unternehmer ist das so, da beißt die Maus keinen Faden ab. Es liegt einzig in Ihrer Hand, ob Sie ein gutes oder ein schlechtes Vorbild sind, ob Sie German Angst oder German Mut vorleben.

Nach den Reflexionen sind Sie sich Ihrer Persönlichkeit, Ihrer Stärken und Schwächen, Ihrer intrinsischen Motivatoren, Ihres Lebenssinns bewusst. Nun gilt es, diese Selbsterkenntnisse als Unternehmer umzusetzen und die hinderlichen Korsetts mutig in ein zukunftsfähiges Unternehmertum zu wandeln.

Neben den bisherigen Ergebnissen sehe ich sieben weitere Kernkompetenzen, welche ein mutiges und wirksames Management wie selbstverständlich leben sollte. Ich habe diese jedem der folgenden Unterkapitel beigefügt und muss wohl nicht explizit darauf hinweisen, dass es sich hierbei nicht um ein „Entweder-oder", sondern natürlich um ein „Sowohl-als-auch" handelt. Kleine Aufgaben für den ersten Schritt sollen den Start in German Mut erleichtern.

Allen voran jedoch steht DIE Kernkompetenz schlechthin: das aktive Zuhören. Jetzt könnte ich mit sehr viel Theorie dazu ankommen, aber ich möchte Michael Ende sprechen lassen, der über Momo spricht, und niemand kann es besser:

Was die kleine Momo konnte wie kein anderer, das war: zuhören. Das ist nichts Besonderes, wird nun vielleicht mancher Leser sagen, zuhören kann doch jeder. Aber das ist ein Irrtum. Wirklich zuhören können nur ganz wenige Menschen. Und so wie Momo sich aufs Zuhören verstand, war es ganz und gar einmalig.

Momo konnte so zuhören, dass dummen Leuten plötzlich sehr gescheite Gedanken kamen. Nicht etwa, weil sie etwas sagte oder fragte, was den anderen auf solche Gedanken brachte, nein, sie saß nur da und hörte einfach zu, mit aller Aufmerksamkeit und Anteilnahme. Dabei schaute sie den anderen mit ihren großen, dunklen Augen an und der Betreffende fühlte, wie in ihm auf einmal Gedanken auftauchten, von denen er nie geahnt hatte, dass sie in ihm steckten.

Sie konnte so zuhören, dass rastlose oder unentschlossene Leute auf einmal ganz genau wussten, was sie wollten. Oder dass Schüchterne sich plötzlich frei und mutig fühlten. Oder dass Unglückliche und Bedrückte zuversichtlich und froh wurden. Und wenn jemand meinte, sein Leben sei ganz verfehlt und bedeutungslos und er selbst nur irgendeiner unter Millionen, einer, auf den es überhaupt nicht ankommt und der ebenso schnell ersetzt werden kann wie ein kaputter Topf – und er ging hin und erzählte alles das der kleinen Momo, dann wurde ihm, noch während er redete, auf geheimnisvolle Weise klar, dass er sich gründlich irrte, dass es ihn, genauso wie er war, unter allen Menschen nur ein einziges Mal gab und dass er deshalb auf seine besondere Weise für die Welt wichtig war. So konnte Momo zuhören! ...“

Komfortzone ade – mutig zu neuen Ufern

Ich gebe es zu: Ich bin ein sehr bequemer Mensch. Ich mag die Dinge, die ich kenne, probiere ungern Neues aus, fahre am liebsten in die gleichen Orte zum Urlaubmachen und gehe dorthin, wo ich mich auskenne. Ein Berg anliegender Arbeit wird gern unterteilt in Dinge, die ich „aus dem Ärmel schüttele“, und Dinge, die neu für mich sind.

Besonders beruhigt mich dabei, dass ich damit so gar nicht allein bin – was den Drang, mein Verhalten zu ändern, nicht unbedingt erhöht. Ich bin eben gern in meiner Komfortzone, so wie ein Großteil der Menschen – Sie erinnern sich sicher an die Grafik aus Kapitel 2.

Die Komfortzone beschreibt den Lebensbereich eines Menschen, in welchem wir durch Erziehung und Erleben mit dem geringsten Energieaufwand bestehen können. Wir können uns das vorstellen wie einen Elefanten, der von klein auf an einem Pflock festgebunden wurde und immer nur an einem fünf Meter langen Seil laufen konnte. Die Komfortzone ist sein Kreis mit einem Durchmesser von zehn Metern – immer fünf Meter um den Pflock herum. Auch wenn der Elefant nach nun vielen Jahren erwachsen und groß geworden ist und es kein Problem für ihn wäre, den Pflock herauszuziehen und den Kreis zu verlassen, tut er es nicht. Er ist so sehr an die Komfortzone gewöhnt, dass er gar nicht auf den Gedanken kommt, es zu versuchen. Und außerdem hat er es nie gelernt.

Was braucht es bei uns, um diese Komfortzone zu verlassen? Wir alle können das. Wir sind vernunftbegabte Wesen – so heißt es zumindest.

Exkurs: Sapere aude!

Sapere aude! – „Wage zu wissen!" – wurde zum Leitspruch der Aufklärung und von Kant mit „Habe den Mut, dich deines eigenen Verstandes zu bedienen!" erläutert. Seine Definition von Aufklärung ist nach wie vor maßgebend:

„Aufklärung ist der Ausgang des Menschen aus seiner selbst verschuldeten Unmündigkeit. Unmündigkeit ist das Unvermögen, sich seines Verstandes ohne Leitung eines anderen zu bedienen. Selbstverschuldet ist diese Unmündigkeit, wenn die Ursache derselben nicht am Mangel des Verstandes, sondern der Entschließung und des Mutes liegt, sich seiner ohne Leitung eines anderen zu bedienen."

Wie kam es dazu?

Im 18. Jahrhundert kam es zu einigen bedeutenden Umbrüchen in der Gesellschaft. Durch den Dreißigjährigen Krieg war Deutschland in viele kleine Territorien zersplittert. Das Heilige Römische Reich Deutscher Nation bestand aus über 300 souveränen Einzelstaaten und war zudem seit der Reformation der Kirche in die katholische und die protestantische Konfession aufgespalten. Immer wieder kam es zu kriegerischen Auseinandersetzungen, die den Weg freimachten für das „siècle des lumières" – das Jahrhundert der Lichter, welches Licht ins Dunkel des Mittelalters bringen sollte.

Die Vertreter der Aufklärung kamen vor allem aus dem Bürgertum und lebten in ganz Europa. Viele von ihnen setzten sich gegen die vorherrschenden Machtverhältnisse ein. Dieses Bestreben führte letztendlich zur Französischen Revolution. Mit ihrer Forderung nach „Freiheit, Gleichheit, Brüderlichkeit" stellt sie das bedeutendste Ereignis dieser Epoche dar.

Ziel war, sich von alten Denkweisen und früheren Vorstellungen zu befreien. Die Menschen sollten ihren Kopf benutzen und nichts als gegeben hinnehmen, ohne es mittels der Vernunft zu hinterfragen. Dies richtete sich vor allem gegen blinden Gehorsam gegenüber der Kirche und anderen Obrigkeiten, gegen den Absolutismus und gegen Vorurteile und Aberglauben, wie zum Beispiel den Hexenwahn. In den Augen der Aufklärer war allein der Verstand in der Lage, die Wahrheit ans Licht zu bringen, und Vernunft und Freiheit waren das richtige Mittel, um die Menschen von Unterdrückung und Armut zu erlösen.

Ein wichtiger Faktor war dabei Bildung und Wissen. Erst durch diese sei es einem Menschen möglich, seinen Verstand zu benutzen und eine eigenständige und unabhängige Person zu werden. Bildung und Wissenschaft sollten gefördert und vor allem in allen Schichten der Bevölkerung verbreitet werden. Die Aufklärer wollten Freiheit und Gleichheit für die Menschen sowie Toleranz gegenüber anderen Religionen – eine Forderung, die in der damaligen Gesellschaft äußerst neuartig und einschneidend war.

Die Menschen kämpften für ihre Ideale, ließen ihr Leben – so auch heute noch in vielen Teilen der Erde. Und wir hocken lieber in unserer Komfortzone?

Wir haben die Kontrolle über unser Leben – wir bestimmen, wer wir sind und was wir tun. Aber dennoch verlassen wir unsere Komfortzone nur selten freiwillig. Wie oft ist als Entschuldigung zu hören: „Das haben wir schon immer so gemacht und es funktioniert doch." Hierzu eine kleine Geschichte, welche die Absurdität dieser Aussage unterstreicht:

„Ein junges Paar war frisch verheiratet. Zu einem Festtag beschloss die junge Frau, eine Lammkeule zu schmoren. Bevor sie den Braten in den Ofen schob, schnitt sie von der Keule das untere Stück ab und legte die zwei Teile nebeneinander in den Schmortopf. Ihr Mann schaute neugierig über ihre Schulter und fragte sie: ‚Warum teilst du den Braten entzwei?' ‚Ich weiß nicht', antwortete die Frau, ‚aber meine Mutter hat das

immer genauso gemacht.' Daraufhin fragte der Mann seine Schwiegermutter, warum sie das untere Stück der Lammkeule abschnitt. ‚Ich weiß nicht, aber meine Mutter machte das immer genauso', antwortete die Schwiegermutter. Da die Großmutter noch am Leben war, erkundigte sich der junge Mann auch bei ihr, warum sie den unteren Teil der Lammkeule vor der Zubereitung abschnitt. Die Großmutter antwortete mit einem Schmunzeln: ‚Ach, das hatte einen ganz einfachen Grund: Mein Schmortopf war damals so klein, dass der ganze Braten einfach nicht hineinpasste.'"[1]

Viele der Dinge, die mich in meiner Komfortzone halten, sind entweder schiere Gewohnheit oder von Angst getrieben; oft für den Außenstehenden lächerlich und nicht der Rede wert. Ich gehe beispielsweise sehr ungern einkaufen – um es vorsichtig auszudrücken. Während andere Menschen geradezu darin aufgehen, von Regal zu Regal zu schlendern, ist für mich der Besuch im Lebensmittelladen der pure Informations-Overkill. Ich finde mich dort (bestimmt auch mangels Übung) nur schwer zurecht und kaufe sicherlich nicht annährend wirtschaftlich ein – auch, weil ich wohl so ziemlich in jede „Falle" des Betreibers hinsichtlich der Produktplatzierungen tappe, die es gibt. Meine Komfortzone besteht also unter anderem aus „Ich gehe nicht einkaufen". Damit bin ich erstaunlich weit gekommen (und alt geworden). Aber es ist natürlich Quatsch und Vermeidung fühlt sich ja weitaus weniger gut an als Erreichung. Also gehe ich hin und wieder und immer häufiger „gegen mich" einkaufen. Nach wie vor nicht gern – aber ich kann nicht Wasser predigen und Wein trinken, also immer schön über den Schatten springen.

Beruflich fällt mir das Verlassen meiner Komfortzone deutlich leichter als im privaten Umfeld – ich kenne jedoch viele Menschen, denen es genau andersherum geht. Aus meiner Erfahrung liegt das daran, dass jedes Verlassen der Komfortzone mit Energieaufwand verbunden ist. Wenn ich viel von dieser Energie im beruflichen Kontext aufwende oder aufwenden muss, bleibt wenig für den privaten Bereich und umgekehrt. Und mit dem einmaligen Aufwand ist es ja nicht getan. Ich muss lange und oft diese Energie aufbringen, bis das Neue zur Routine wird und damit mehr Energie bringt, als es kostet.

Wie Sie inzwischen wissen, habe ich ein etwas gespaltenes Verhältnis zur Höhe. Keine dramatische Höhenangst, aber ein spürbares Unwohlsein. Vor dem Gefühl des Fallens verspüre ich tatsächlich Angst – wo andere schreien vor Glück, schreie ich auch, aber eher aus Panik. Genau aus diesem Grund gehe ich (üblicherweise in Kletterhallen) klettern. Ich suche immer wieder die Herausforderung, mich diesen Ängsten zu stellen und damit aus der Komfortzone zu bringen. Und danach mit dem Gefühl belohnt zu werden, wieder etwas mehr geschafft zu haben, den Kreis zu vergrößern, in dem ich mich sicher bewegen kann. Okay, das Glücksgefühl während des Klettersteigs neulich ließ auf sich warten. Vielmehr war mein Gehirn pausenlos damit beschäftigt, sich zu fragen, wer die Eisensicherungen in den Felsen gehauen hatte und ob er sein Handwerk verstand …

Im beruflichen Kontext ist es ebenso: Als Führungskräfte kennen wir unsere Komfortzone. Wir wissen, was wir können, aber vor allem, was wir kennen. Nur wenn wir uns selbst wirklich vornehmen, uns zu verändern und weiterzuentwickeln, schaffen wir es, die Komfortzone dauerhaft und nachhaltig zu verlassen.

Wo endet Ihre Komfortzone? Wo wird Ihre innere Motivation immer leiser und wo werden die „guten Gründe dagegen“ immer lauter? Wer spiegelt Ihnen zurück, dass die vorgetragenen Argumente nur Ausreden sind statt echter Argumente? Anders gefragt: Treiben Sie Sport? Haben Sie aufgehört zu rauchen? Haben Sie erfolgreich abgenommen? Dabei suche ich nicht nach einer Antwort um den 1. Januar – die idealistischen „guten Vorsätze“, die sich schneller in Luft auflösen, als die ersten Blüten an den Bäumen zu sehen sind. Was haben Sie selbst erfolgreich umgesetzt, bei dem Sie Ihre Komfortzone nachhaltig verlassen haben? Wobei … Streng genommen haben Sie die Zone gar nicht verlassen, sondern vergrößert. Das soll den Erfolg nicht schmälern – ganz im Gegenteil. Es geht darum, ein Leben lang die Komfortzone aktiv zu vergrößern! Hier steckt die Antwort zu Ihrem Erfolg – Ihr persönliches Erfolgsrezept, Ihr Erreichungsziel.

Mit welchen Mitteln und Methoden kann es als Führungskraft nun gelingen, unsere Komfortzone zu verlassen – nachhaltig und aus eigenem Antrieb, aus eigener Motivation?

Tipp 1 Kernkompetenz: „Zwei mal drei macht vier, widdewidde-witt, und drei macht neune!! Ich mach mir die Welt, widdewidde, wie sie mir gefällt!“ Was Unternehmer von Pippi Langstrumpf lernen können!

„Das habe ich noch nie vorher versucht, also bin ich völlig sicher, dass ich es schaffe."
Pippilotta Viktualia Rollgardina Schokominza Efraimstochter Langstrumpf

Neugierde und damit der Wunsch – nahezu der Drang –, Dingen auf den Grund gehen zu wollen, nimmt bei vielen mit zunehmendem Alter ab. Warum? Schließlich bewundern wir ja geradezu unsere Kinder, die die Welt jeden Tag mit vor Staunen geweiteten Augen entdecken. Liegt auch das an der Tatsache, dass viele Menschen ungern ihre Komfortzone verlassen, weil Unvorhergesehenes und Neues Unbehagen oder sogar Angst auslösen? Wer aber immer auf Nummer sicher geht und niemals neugierig Grenzen austestet, verpasst nicht nur Spannung und positive Überraschungen, sondern auch die Chance zu persönlichem Wachstum.

Jochen Mai – Gründer der „Karrierebibel" – beschreibt auf seiner Plattform sehr eindrücklich, warum Wissbegierde sogar das Leben verlängert:[2]

„Unser Gehirn ist auf Neugierde programmiert. Die Evolution hat es vorgemacht: Der Mensch entwickelt sich ständig weiter, unser Gehirn dürstet nach neuen Reizen, danach, Neues zu lernen. Wir sollen und wollen wachsen. Nicht zufällig entwickeln wir daraus sogar Ehrgeiz und Ambitionen. Neugier ist ein wesentlicher Motor für Wachstum und Wissen. Und eine unterschätzte Erfolgseigenschaft.

Als etwa britische und Schweizer Forscher die Daten von rund 50.000 Studenten auswerteten, stellten sie fest: Der Intelligenzquotient (IQ) hatte für den Studienerfolg weniger Bedeutung als angenommen. Viel entscheidender war die Neugier. Studenten, die nur über einen mittelmäßigen IQ verfügten, dafür aber gegenüber Neuem aufgeschlossen waren, schnitten deutlich besser ab.

Der amerikanische Psychologieprofessor Todd Kashdan von der George-Mason-Universität wiederum fand heraus, dass neugierige Menschen schneller und leichter Kontakt zu anderen finden. In der Folge hatten sie nicht nur mehr Freunde und ein stabileres Netzwerk – sie waren auch glücklicher und besaßen mehr Lebenszufriedenheit.

Mehr noch: Bei einer Langzeitstudie, an der rund 2.000 Senioren zwischen 60 und 86 Jahren beteiligt waren, kam heraus: Neugier bescherte den Probanden eine deutlich höhere Lebenserwartung. Das sogar unabhängig von Risikofaktoren wie Rauchen, ungesunder Ernährung oder Erkrankungen."

Wenn wir solche Zahlen lesen, was hindert uns dann daran, das Leben und die Welt wieder mit Kindesaugen, mit den Augen von Pippi Langstrumpf zu sehen? Nutzen Sie die kreativen Kompetenzen unserer „Freundin" aus Kindestagen:

- Neugierde
- Die Fähigkeit, Perspektiven zu wechseln
- Mut
- Humor
- Motivationsfähigkeit
- Lebensbejahende Abenteuerfreude vorzuleben
- Auch mal Regeln zu brechen
- Zeigen Sie Einfallsreichtum
- Seien Sie ein Entdecker neuer Möglichkeiten

„Die Neugier ist die mächtigste Antriebskraft im Universum, weil sie die beiden größten Bremskräfte im Universum überwinden kann: die Vernunft und die Angst."[3]
Walter Moers

Ihre Aufgabe für morgen:

Bevor Sie eine Entscheidung treffen, überlegen Sie bitte, ob Sie die Entscheidung auch dann so treffen würden, wenn Sie für das Verlassen der Komfortzone belohnt werden würden, wenn Sie allein, weil Sie mutig sind, Ihren Pflock herauszureißen, belohnt werden – und ob es sich nicht doch lohnt, die Entscheidung gegen die Komfortzone und für etwas Neues zu treffen!

Und nicht zuletzt: „Das habe ich noch nie vorher versucht, also bin ich völlig sicher, dass ich es schaffe." Wie wäre es, wenn Sie morgen eine „Pippi-Aufgabe" angehen, die Sie noch nie vorher gemacht haben? Mutig voran! Und nehmen Sie Ihre Mitarbeitenden mit auf die Reise nach Neuem und vor allem nach tollen Überraschungen. Das zahlt bestimmt auf ein resilientes WIR-Gefühl ein.

Bedenken ade – Mut zum Handeln

„Sei du selbst die Veränderung, die du dir wünschst für diese Welt."
Mahatma Gandhi

Ich arbeite in einem Bereich, der auf den ersten Blick von Bedenken beherrscht wird. Über allem steht die Frage: Was könnte passieren – und wie kann ich das verhindern? Die Überlegungen sind dabei zumeist jedoch nur scheinbar von Bedenken geprägt. Statt sich durch diese vom Ziel abbringen zu lassen, siegt meist der pragmatische Ansatz: „Die Produktion kann ja nicht ausgesetzt werden, wir müssen einen Weg finden, bei dem das Wohl der Mitarbeitenden sichergestellt wird und die Produktion weitergehen kann." Die Bedenken sind aber auch nicht selten ein „Verhinderer" – gute Ideen und sinnvolle Ansätze kommen nicht zum Zug, weil die Bedenken zu groß sind.

Was ist nun eine gute Strategie, um mit Bedenken umzugehen? Bedenken sind ja nicht grundsätzlich schlecht. Sie schützen vor überstürzten Entscheidungen und bringen uns zum Innehalten. Bedenken werden erst dann zum Problem, wenn sie uns lähmen, wenn sie vom Singular „das Bedenken" zum Plural „die Bedenken" und damit zur Angst werden.

In der heutigen Zeit ist es nicht schwer, jemanden zu finden, der Bedenken zu einem Vorhaben parat hat. Auch ich bin umgeben von Menschen, deren Hauptargumente sich aus Bedenken nähren, die sofort jede Menge Dinge anführen können, warum das Geplante scheitern könnte. Eine Strategie gegen die eigenen oder fremden Bedenken ist das Denken in Chancen und die Umwandlung der Bedenken in Ziele. Zur Veranschaulichung bemühe ich die Beispiele aus Kapitel 2.

Die ist eh bald weg? Denken Sie in Chancen!

Kommen wir zurück auf die Bedenken „Die ist eh bald weg" und die latente Angst, in jemanden zu investieren, der dann durch Schwangerschaft plötzlich weg ist. Ist es nicht einfacher und bei Weitem zeitgerechter, das Thema der Familienplanung und der daraus notwendigerweise resultierenden Abwesenheit (übrigens heute zumeist auch der Männer) aktiv in die Gestaltung der Arbeitsplätze und Möglichkeiten des Unternehmens zu integrieren? Im Gegensatz zu normalen Kündigungen, im Rahmen derer Mitarbeitende das Unternehmen in den meisten Fällen „für immer" verlassen, wollen die Mitarbeitenden hier wieder zurück. Sie sind gut ausgebildet und haben in ihrer Abwesenheit sicher nicht viel verlernt. Findet das Unternehmen einen Weg und eine Kultur, die den Zuwachs der Familie zu einem normalen Prozess werden lässt, profitieren alle von der Stetigkeit, die man vor allem den jüngeren Generationen immer wieder abspricht.

Den Mut zu haben, diesen Schritt zu gehen, heißt nicht, dass sich innerhalb weniger Tage alles ändert. Zu sehr sind es Mitarbeitende gewohnt, das Thema der Familienplanung aus Angst vor den Konsequenzen zu einem Geheimnis zu machen. „Hätte ich gewusst, dass Sie schwanger werden wollen …" – ja, eben deshalb hat es die Mitarbeiterin nicht gesagt!

In unserem Unternehmen hat sich dieser Umgang gravierend verändert. Der Mut, diesen Schritt zu gehen, hat sich gelohnt. Es ist klar und restlos akzeptiert, dass junge Familien in der Regel Kinder planen, und wir tun alles, um sie bei den daraus entstehenden Herausforderungen zu unterstützen. Nicht zuletzt durch unser Eulennest. Unsere Mitarbeitenden danken es uns mit viel Engagement und Zuverlässigkeit.

In Chancen denken, dazu ein kleiner Exkurs:

Exkurs: Gefahr oder Chance? Eine taoistische Parabel

[4]

Das chinesische Schriftzeichen für Krise setzt sich aus den beiden Zeichen „Gefahr" und „Chance" zusammen. Diese taoistische Parabel beschreibt, wie beides miteinander verwoben ist.

In einem ärmlichen Dorf in China lebte ein weiser Bauer. Ihm gehörte ein Pferd, das er für die Feldarbeit und als Lasttier gleichermaßen nutzte. Eines

Tages lief ihm das Pferd davon. Seine Nachbarn bedauerten ihn, aber der Bauer sagte lediglich: „Mag sein." Einige Tage später kam das Pferd zurück – es hatte zwei Wildpferde mitgebracht. Alle Nachbarn erfreuten sich an seinem Glück, aber der Bauer sagte lediglich: „Mag sein." Am nächsten Tag versuchte der Sohn des Bauern, eines der Wildpferde zuzureiten. Das Pferd warf ihn ab und er brach sich das Bein. Die Nachbarn bekundeten alle ihr mit Mitgefühl zu diesem Unglück, aber der Bauer sagte wieder nur: „Mag sein." In der nächsten Woche kamen Offiziere der Armee ins Dorf, um alle jungen Männer für die Armee zu rekrutieren. Sie wiesen den Sohn des Bauern zurück, denn er hatte sich das Bein gebrochen. Als ihm die Nachbarn sagten, wie glücklich er doch sei, antwortete der Bauer: „Mag sein."

Ruhige Kugel im Homeoffice? Vertrauen Sie doch mal!

Mitarbeitende vertrauen ihren Führungskräften. Niemand begibt sich in eine wirtschaftliche Abhängigkeit, wenn er nicht darauf vertraut, dass der wirtschaftliche Erfolg des Unternehmens das eigene Überleben sichert. Haben aber Führungskräfte und Unternehmer selbst auch Vertrauen ihren Mitarbeitenden gegenüber? Ich hielt lange Zeit folgende Situation für eine skurrile Übertreibung aus den Donald-Duck-Comics: Der superreiche Dagobert spioniert hinter seinen Leuten her, weil er überall Betrug, Verrat und das Ausnutzen seiner „Großzügigkeit" wittert.

Die Wahrheit ist jedoch noch viel schlimmer. „Wenn ich da nicht permanent hinterher bin, arbeiten die ja nix" ist noch die freundlichere Formulierung eines Unternehmers. Oder jüngst der Trigema-Chef Wolfgang Grupp mit seinem kontrovers diskutierten Ausspruch „Wenn einer zu Hause arbeiten kann, ist er unwichtig".[5] Doch auch wenn in größeren Unternehmen die Formulierungen vornehmer werden, oft ist die Angst die gleiche. Das ist sicher der Hauptgrund, warum sich Unternehmen über die Jahre so schwer mit Homeoffice getan haben. Durch Corona wurden sie jedoch dazu gezwungen, die meisten bar jeder vernünftigen technischen Möglichkeit und völlig unvorbereitet. Für mich einzig eine Folge unternehmerischer Fehlentscheidungen. Dadurch ist passiert, was befürchtet wurde: Mitarbeitende mussten zu Hause sitzen und konnten nicht arbeiten – hatten kein funktionierendes Notebook, keine Möglichkeit zu telefonieren oder sich anderweitig mit Kollegen auszutauschen.

Vertrauen erfordert Mut. Es ist schwer und sicher dauert es nach einer Enttäuschung, bis man neues Vertrauen gibt. Dennoch: Unsere Mitarbeitenden vertrauen uns Unternehmern und Führungskräften. Mit welchem Recht und welcher Arroganz verweigern wir ihnen unsererseits das Vertrauen? Wenn ein Mitarbeitender sich vor der Arbeit drücken will, wird ihm das zu Hause ebenso gelingen wie im Unternehmen. Oder eben nicht. Entscheidend ist hier die Führungskraft und deren Führungswerkzeuge. Ist ein Mitarbeitender im Homeoffice, muss eine Führungskraft mit ganz anderen Führungsinstrumenten arbeiten.

Was wir als Folge mangelnden Vertrauens im Falle von Homeoffice erleben, ist der Ausdruck der Angst, weil Unternehmen und Führungskräfte völlig unvorbereitet auf diese „neue" Form des Führens sind. Sie wissen schlicht nicht, wie das geht, wie Leistung eingefordert werden kann, wie mit Problemen umzugehen ist, sie haben keine Idee, wie man „abgleitende" Mitarbeitende erkennen und auffangen kann.

Noch bevor Corona die Welt in den Würgegriff genommen hatte, setzten wir in unserem Unternehmen vermehrt auf Homeoffice. Nicht, um Kosten bei Arbeitsplätzen oder der Energie zu sparen, sondern weil es eine wichtige Komponente für modernes Arbeiten ist, eine Wertschätzung des Mitarbeitenden und eine lange Liste an Vorteilen mit sich bringt. In der Anfangszeit haben wir die Anzahl der Homeofficetage begrenzt und dann Stück für Stück erweitert. Dabei gab es Fälle, die dem entgegengebrachten Vertrauen nicht gerecht wurden – mit etwas Abstand betrachtet völlig normale Konfliktsituationen, aber eben auf einer neuen Ebene.

Nahezu in jedem Bereich etablierten sich tägliche Kurzmeetings im Team, um den Tag gemeinsam zu starten, Schwerpunkte und Ziele abzustimmen und vom Vortag zu berichten. Vor allem in der Hochzeit von Corona richteten wir virtuelle Büros ein, in denen die Kollegen via Headset so zusammensaßen wie auch im Unternehmen vor Ort. Dadurch waren gerade in dieser Zeit ein intensiver Austausch und viele soziale Aspekte gut abgedeckt. Einige Teams arbeiten heute noch so, andere schließen sich via Microsoft Teams zusammen, wenn es notwendig ist.

Bis heute gibt es Fälle, in denen die erwartete Leistung nicht mit der „Lieferung" zusammenpasst. Dann müssen Mitarbeitendengespräche geführt und die Führung nachjustiert werden – ein ganz normaler Prozess, wie es ihn auch ohne Homeoffice schon immer gegeben hat. Aber sicher ist: Vertrauen ist die Grundlage unserer Zusammenarbeit – und das gilt für beide Seiten.

Ohne mich geht's nicht? Aber hallo geht das – muss es sogar!

In seinem Buch „Wenn Turnschuhe nichts bringen – Der CEO-Code für starke Führungskräfte" schreibt Unternehmer Ben Schulz: „Das professionelle Loslassenkönnen muss in Zukunft Teil der Führungsaufgabe sein. Der Wechsel an der Spitze muss zum Normalzustand werden – ganz ohne Imageverlust."[6] Das kann ich nur unterschreiben. Aber was ist damit gemeint?

Gegenfrage: Muss ich als Führungskraft alles können? Ganz sicher nicht! In einfachen wie in schwierigen Zeiten kann es durchaus sinnvoll sein, einen Schritt nach hinten zu treten. Was nicht bedeutet, dass man dabei aus der Verantwortung geht. Ich meine also nicht, einen Unternehmensberater ins Boot zu holen, zeitgleich mit der Beauftragung die Hände in den Schoß zu legen und sich mitsamt dem ganzen Unternehmen diesem anzuvertrauen. Aber genau das erleben wir täglich: Statt Verantwortung zu übernehmen, wird jemand beauftragt, der analysiert und mit dem Ergebnis „Alles muss anders werden" Aktionismus einleitet. Und wenn es nicht funktioniert, hat man zumindest die Gewissheit: „Ich war ja nicht schuld …"

Ich meine an dieser Stelle jedoch etwas anderes. Ben Schulz beschreibt es als „Mensch und Situation" zusammenbringen. Dabei hilft ungemein, sowohl die Situation als auch die Lebensmotive der geeigneten Mitarbeitenden zu kennen. Ändert sich dann die Situation, braucht es eventuell eine andere Person, die hierzu kompatibel ist. Und sei es nur temporär. Anschaulich beschrieben: Wenn der Wind dreht, kann es sinnvoll sein, wenn der Kapitän kurzfristig wechselt. Wichtig ist, dass dies keinesfalls eine Herabsetzung oder einen Imageverlust des Unternehmers bzw. der Führungskraft bedeutet. Im Gegenteil: Es zeugt von Größe und dem Anvisieren des gemeinsamen Hafens, wenn es „normal" wird, hier mal zu wechseln. Ben Schulz fordert sogar: „Wenn andere Lebensmotive und andere Kompetenzen gefragt sind, weil die Situation sich grundlegend geändert hat, geht die

Führungsverantwortung einfach zu dem, dessen Lebensmotive und Kompetenzen genau mit dieser Situation konform sind."[7]

Dass dies nur funktioniert, wenn nicht Modell „Silberrücken" über das Unternehmen herrscht, brauche ich wohl nicht zu erwähnen. Ich halte es da lieber mit „Giovanni".

Tipp 2 Kernkompetenz: „Giovanni, nimm dich nicht so wichtig!"

Während eines Gespräches erzählte mir Walter Kohl eine kleine Geschichte, die ihn persönlich sehr inspiriert hat und mich auch gleich in ihren Bann schlug: 1881 wurde Angelo Guiseppe Roncalli in Sotto il Monte – Italien – als Sohn einer armen Bauernfamilie geboren. Er hatte zwölf Geschwister und setzte gegen den entschiedenen Widerstand seines Vaters mit Hilfe des Dorfpfarrers durch, dass er die Schule besuchen und später im Priesterseminar studieren durfte. Er erlebte als Sanitätsoffizier und Priester an der Front den Horror des Ersten Weltkrieges hautnah. Nach vielen Stationen wurde er 1953 Kardinal in Venedig und 1958 völlig unerwartet zum Papst gewählt. Roncalli – nun Papst Johannes XXIII. – überraschte alle mit seinem Pragmatismus, seiner Volksnähe und seiner Herzenswärme.

Eines Tages kam ein junger Bischof zu Papst Johannes XXIII. Nervös bekennt er sich seiner Sorgen und Ängste zur Bürde seines Amtes. Er könne vor lauter Sorge um sein Amt und die damit verbundene große Verantwortung gar nicht mehr schlafen. Johannes lächelte den Bischof an und sagte, dass er dieses Gefühl kenne. Nach seiner Wahl zum Papst sei es ihm ähnlich ergangen. Doch eines Tages, als er ein Nickerchen hielt, sei ihm im Traum ein Engel erschienen, dem er seine Not anvertraute. Der Engel habe geantwortet: „Giovanni, nimm dich nicht so wichtig!" Seitdem könne er wieder wunderbar schlafen.

Ihre Aufgabe für morgen:

Treten Sie morgen einmal in die zweite Reihe und geben Sie Ihren Mitarbeitenden die Chance, sich zu beweisen. Zeigen Sie Vertrauen, lernen Sie, Chancengeber zu sein. Und nehmen Sie sich nicht zu wichtig …

Vermeidungsziele ade – Denken in Erreichungszielen

Wie Sie sicherlich bei der Lektüre des Buches gemerkt haben, bin ich – mal abgesehen in meiner Rolle als Vater – ein Mensch und vor allem Unternehmer, dem Denken in Vermeidungszielen wesensfremd ist. Und wie bei so vielem, was für einen selbst das Normalste auf der Welt ist, ist es besonders schwer zu erklären, warum man es so macht und denkt. Es ist einfach intrinsisch bei mir. Das hilft nur meinem Gegenüber nicht, der gern in Erreichungszielen denken möchte und nicht weiß wie. Daher lasse ich jemand anderen die Erklärung für mich übernehmen.

Kennen Sie Unternehmercoach Wolfgang Radies? Oder den Programmierer Thomas Willmann, der unter der Arbeitsüberlastung seines Unternehmens mit 15 Mitarbeitenden zusammenzubrechen droht? Radies erklärt Zusammenhänge wie kaum ein anderer. Daher möchte ich ihn bei dem Thema Ziele sprechen lassen. Ich starte mitten im Dialog der beiden Herren, um schneller zum Ziel zu kommen. Los geht's:

„Eine Frage habe ich noch. Warum sprechen Sie immer von ‚Träumen und Zielen'? Sind das nicht zwei Paar Schuhe? Vermischen Sie da nicht etwas?"

„Ja, da haben Sie vielleicht recht, Herr Willmann. Leider gibt es keinen passenden Begriff für das, was ich meine. Unter ‚Träumen' versteht man normalerweise ein Zukunftsbild, emotional sehr mitreißend, aber in nicht definierter Ferne in der Zukunft. Träume haben den Beigeschmack, unrealistisch zu sein. Ziele hingegen orientieren sich meist am SMART-Akronym:

- **S**pezifisch
- **M**essbar
- **A**ttraktiv
- **R**ealistisch
- **T**erminiert

Das ist für kurzfristige Ziele mit einem Zeithorizont von bis zu einem Jahr meist in Ordnung. Wenn man dieses Konzept jedoch auf langfristige Ziele überträgt, dann ist es eher etwas für Buchhalter, die auch mal ein Abenteuer erleben möchten.

‚Attraktiv' ist viel zu wenig. Es muss emotional mitreißend sein. Es muss ein Traum sein. Sie können nicht mehr weiterleben, wenn Sie ihn nicht verwirklichen. [...] Vergessen Sie langfristige Ziele, die nur attraktiv sind.

Aber noch entscheidender ist die Frage, ob ein Ziel realistisch ist. Die größten Entwicklungen der Menschheit waren alles andere als realistisch. Es war nicht realistisch zu fliegen. Als John F. Kennedy ankündigte, bis zum Ende der 60er-Jahre zum Mond zu fliegen, war das alles andere als realistisch. Dass Wilma Rudolf bei den Olympischen Spielen 1960 drei Goldmedaillen in Sprintdisziplinen gewinnen würde, hätte wenige Jahre zuvor ebenfalls als unrealistisch gegolten: Sie hatte nämlich Kinderlähmung und konnte bis zum Alter von zwölf Jahren nicht einmal allein gehen. Nebenbei eines von unzähligen Beispielen dafür, dass man auch in Bereichen, in denen man klare Schwächen hat, mit der entsprechenden Energie Spitzenleistungen vollbringen kann. Ein langfristiges Ziel muss unrealistisch und riesig sein. Aus mehreren Gründen.

Erstens verlieren Sie kleine Ziele aus dem Blick, sobald ein mittleres Problem auftaucht. Dann sehen Sie nur noch das Problem, weil dieses größer ist als das Ziel. Zweitens beurteilen wir meist ausgehend von unseren jetzigen Fähigkeiten, ob etwas realistisch ist. Wir wollen aber etwas verändern. Wir wollen uns verändern. Dazu brauchen Sie ein Ziel, das Sie mit Ihren jetzigen Fähigkeiten eben gerade nicht erreichen können. Wenn Sie es erreichen könnten, wozu sollten Sie sich dann die Mühe machen, etwas zu verändern? [...] Wenn ich von Träumen und Zielen spreche, meine ich also in Wirklichkeit ein Mittelding: spezifisch, messbar, mitreißend, unrealistisch, terminiert."[8]

Wolfgang Radies spricht unverblümt darüber, was ein Erreichungsziel ausmacht.

Ein weiterer Gedanke zur Herangehensweise bei dem Thema Erreichungsziele ist folgender:

„Achte auf deine Gedanken, denn sie werden Worte. Achte auf deine Worte, denn sie werden Handlungen."

Wir alle kennen den Auszug aus dem Talmud. Hierbei geht es um einen ganz einfachen Automatismus kognitiven Verhaltens – Sie erinnern sich an Kapitel 1. Denken ist ein auditiver Prozess. Beim Denken hören wir unsere eigene Stimme im Kopf. Alles, was wir uns in Gedanken selbst erzählen, hat sofortigen Einfluss auf unsere Empfindungen. Jedes Wort zählt. Die Gedanken sind somit letztlich Ursache unserer Handlungen. Gehen wir optimistisch und zupackend erst in Gedanken und dann in Worten Probleme an, werden die Lösungen vorwärtsgerichtet sein. Ziele werden erreicht.

Erreichungsziele brauchen positive, visionäre Formulierungen: „Wir riskieren Neues und stehen auf, wenn wir fallen sollten." „Wir lassen Fehler zu und nehmen diese zum Anlass, aktiv eine Entwicklung in Gang zu setzen." „Wir schaffen Arbeitsplätze, machen unseren Standort zukunftssicher."

Da steckt eine ganz andere Energie dahinter.

Exkurs: Unternehmensziel und -vision

Kennen Sie den Zweck Ihres Unternehmens? Den gemeinsamen Sinn, die Vision, welche Sie verfolgen? Und wie sieht das bei Ihren Mitarbeitenden aus?

Nur 60 % der Arbeitnehmer können auf Anhieb den Purpose ihres Unternehmens wiedergeben. Das ist das Ergebnis der Kienbaum-Studie „Purpose. Die große Unbekannte".

Aber ist „Sinn in der Arbeit sehen" denn wirklich wichtig? Ja! Dies bestätigt folgende Studie: Statista befragte im Jahr 2018 ca. 2000 Menschen zu diesem Thema. Gut die Hälfte derjenigen, die wenig Sinn in ihrer Tätigkeit sahen, litten unter Erschöpfung und Rücken- oder Gelenkbeschwerden, dicht gefolgt von Lustlosigkeit, Nervosität und Reizbarkeit. Diejenigen, die ihre Arbeit als sinnvoll erlebten, zeigten dagegen deutlich seltener diese Symptome. Lediglich ein Drittel hatte mit Erschöpfung oder Rückenbeschwerden zu tun und nur knapp 20 % kämpften mit Lustlosigkeit, Nervosität und Reizbarkeit.[9]

„Ohne Vision verkommt mein Volk", soll König Salomon gesagt haben, und nicht erst seit jenen Tagen haben sich größere Gemeinschaften durch herausfordernde gemeinsame Ziele verständigt, Zusammenhalt gefunden, sich auf Wesentliches konzentriert, innere Konflikte zurückgedrängt, sich der äußeren Herausforderung zugewandt und damit letztendlich Fortschritte erzielt.[10]

Besonders in Krisenzeiten ist dies überlebensnotwendig. Denn: Nicht die Größe eines Unternehmens ist entscheidend für den Fortbestand, sondern die Veränderungsfähigkeit und -bereitschaft der gesamten Organisation, sich herausfordernden Situationen neu zu stellen, umzudenken und die Unternehmensaufgabe neu zu verstehen und umzusetzen.

Anschaulich beschreibt dies der Darwinismus:

- In jedem Lebensraum wollen mehr Lebewesen wachsen, als groß werden können.
- Deshalb beginnt mit dem Wachstum der Kampf um Nahrung (Kaufkraft).
- Diesen Kampf werden jene bestehen, die sich schneller an die gegebenen Bedingungen anpassen (Veränderungsfähigkeit statt Kontinuität!) und Stärken entwickeln im Vergleich zu ihren Artgenossen.11

„Wer den Hafen nicht kennt, in den er segeln will, für den ist kein Wind der richtige."

Seneca brachte es auf den Punkt. Ich sage: Einigkeit im Ziel beschleunigt den Erfolg!

Ohne einheitliches Unternehmensziel, ohne ein Leitbild, eine Vision, ein gemeinsames Selbstverständnis arbeiten die einzelnen Unternehmensteile und -abteilungen nach „bestem Wissen und Gewissen" vor sich hin – und jeder ist der Meinung, das Beste für seinen Verantwortungsbereich und das gemeinsame Unternehmen zu tun.

Und hier sind wir beim Stichwort: Unternehmensleitbild!

Unternehmen haben meist Werte, eine Mission und Vision. Diese wurden vor Jahrzehnten vom Management oder Inhaber formuliert und hängen vergilbt in Besprechungsräumen oder im Eingangsbereich. Im schlimmsten Fall, weil eine Norm das vorschrieb. Was dort steht, wissen Mitarbeitende in der Regel nicht oder belächeln es – weil es nichts mit dem zu tun hat, wie sie das in der Organisation erleben. Das sind unter anderem Punkte wie: Wie gehen wir mit Scheitern und Fehlern im Unternehmen um? Welche Kommunikationskultur gibt es? Wie wird mit Konflikten umgegangen?

Besonders prägnant erlebe ich das bei den Führungskräfteschulungen unserer Kunden. Bei diesen Schulungen, die ich selbst bis heute gern (wenn auch nicht mehr so oft wie vor ein paar Jahren) quer durch Deutschland durchführe, erfahren Sie viel über die Unternehmen – es ist der sprichwörtliche Blick hinter die Kulissen. Da wird klar kommuniziert und gezeigt, ob Werte, Mission und Vision nur an der Wand hängen und wie groß die Diskrepanz ist.

Ich habe mich mit solchen Leitbildern, die vergilbt an der Wand hängen und nicht gelebt werden, immer schwergetan. Mir war es immer wichtiger, solche Dinge zu leben und erlebbar zu machen.

Wir haben 2022 mit dem gesamten Führungskreis ein echtes Leitbild entwickelt. Das Leitbild mit den daraus resultierenden Werten und unserer Vision ist Alltag für alle Mitarbeitenden – von der Führungskraft bis zum Facilitymanagement. Es ist unsere DNA – wir treffen nahezu jede Entscheidung im Abgleich mit unserem Leitbild. Unsere Konflikte lösen wir auf Basis dessen.

Eine kleine Geschichte: Während der Bauzeit des Straßburger Münsters kam ein fahrender Kaufmann an der Baustelle vorbei und sah die Steinmetze bei der Arbeit. Da fragte er den ersten: „Darf ich dich fragen, was machst du da?“ Da antwortete dieser: „Das siehst du doch, ich klopfe Steine!“ Er fragt den nächsten: „Und du, was machst du?“ Da antwortete jener: „Ich ernähre meine Familie!“ Schließlich fragte er den dritten, was er denn tue, und da antwortete dieser mit leuchtenden Augen: „Ich baue mit an der wohl schönsten Kathedrale, die zurzeit in Europa gebaut wird!“

Ich versuche jeden Tag aufs Neue, ein Unternehmer zu sein, dessen Mitarbeitenden ebenfalls mit strahlenden Augen „an der schönsten Kathedrale Europas“ bauen.

Tipp 3 Kernkompetenz: Seismografisch denken

Hand aufs Herz – wer hat nicht schon einmal davon geträumt, in die Zukunft schauen zu können. Also ich auf alle Fälle. Aber auch wenn das ein Traum bleiben wird, ist es dennoch für Unternehmer zwingend notwendig, die Fähigkeit zu besitzen, seismografische Veränderungen im Markt wahrzunehmen. Trends sind nicht von heute auf morgen da, sie entstehen – ausgenommen Katastrophen wie kleine Viren. Die Natur macht es uns vor: Manche Tiergattungen spüren Naturgewalten, lange bevor diese losbrechen. Sich an ihnen ein Beispiel nehmend, sollten auch Führungskräfte und Unternehmer gravierende Veränderungen im Markt frühzeitig erspüren und entsprechend handeln – und das deutlich schneller als der Wettbewerb und die Zielgruppe, sonst wird es eng. Ich hatte den Darwinismus eben schon einmal angesprochen und der ist kein Ammenmärchen.

Mein Rat – trainieren Sie Ihre Instinkte. Seien Sie überaufmerksam. Und haben Sie immer auch die unrealistischen Parameter im Blick. Diese können schneller real werden, als einem lieb ist.

Seien Sie neugierig und schauen Sie einmal, was alles in der Vergangenheit als unrealistisch und unmöglich galt und heute völlig normal ist. Ich kann Ihnen verraten – die Recherche ist wirklich spannend.

Ihre Aufgabe für morgen:

Jedes Vermeidungsziel lässt sich in ein Erreichungsziel umwandeln. Es kostet Kraft und erfordert Übung. Versuchen Sie es. Welche Ziele haben Sie heute für sich oder für Ihre Mitarbeitenden formuliert? Nehmen Sie eines der sicher vorhandenen Vermeidungsziele und machen Sie ein Erreichungsziel daraus! Konfrontieren Sie Ihre Mitarbeitenden damit und beobachten Sie, was passiert …

Verschleppung von Entscheidungen ade – kommen Sie zu Potte

Entscheidungen nicht zu treffen, ist die Folge des Wunsches, alles beim Alten zu belassen und sich nicht aus der Komfortzone zu bewegen. Auch wenn sich die Welt nicht schneller dreht (rein wissenschaftlich betrachtet sogar langsamer, alle 100 Jahre etwa 1,78 – 2,3 Millisekunden)[12], erleben wir weiter eine Beschleunigung der Geschäftsprozesse, Reduzierung der Produktzyklen und Kompression der Arbeit je Zeiteinheit.

Unternehmer und Führungskräfte müssen nicht nur mehr Entscheidungen treffen, sondern diese auch noch deutlich schneller. Objektiv betrachtet bleibt keine Zeit, Dinge liegen zu lassen – treffen wir die Entscheidungen nicht, treffen andere diese für uns. Und das sicher nicht zu unserem Vorteil. Unternehmen werden von Wettbewerbern überholt, traditionelle Marken, die uns seit Jahrzehnten begleitet haben, sind auf einmal insolvent. Vor allem Investitionen in Digitalisierung werden häufig von Entscheidern auf die lange Bank geschoben und dann zu einem Problem. Es fällt offenbar leichter, in direkt produktive Prozesse, wie z. B. eine neue Fräsmaschine, zu investieren als beispielsweise in eine digitale HSE-Lösung (Arbeitsschutzmanagement-Lösung). Warum? Bei der Fräsmaschine sieht man den Erfolg „sofort" – eine Prozessverbesserung ist hingegen weder optisch noch haptisch greifbar. So verschläft manches Unternehmen den Sprung in das digitale Zeitalter, obwohl der Maschinenpark auf dem neusten Stand ist.

Zurück zu den Entscheidungen. Die Anzahl der Entscheidungen hat sich in einem Zeitraum von fünf Jahren sichtlich erhöht, gleichzeitig wird mehr Zeit für das Treffen der Entscheidung benötigt, besonders gegenüber der Zeit vor Corona. Etwa die Hälfte der Arbeitszeit der Führungskräfte wird für geschäftskritische Entscheidungen aufgewendet.

Dabei haben gut 45 % der Führungskräfte Angst vor falschen Entscheidungen.[13]

Das Unternehmen erwartet zu Recht, dass Führungskräfte Entscheidungen treffen, die den Erfolg des Unternehmens begünstigen. Unter dem herrschenden Druck, der (German) Angst vor Fehlern und der oftmals toxischen Fehlerkultur treffen Führungskräfte Entscheidungen leider oftmals unter der egoistischen Motivation, dass das persönliche Risiko minimiert wird. Im Zweifel also gar nicht. Der im Oxford English Dictionary eingetragene Ausdruck „to cover your ass" versteht sich hier als defensive Entscheidungsfällung, also das Prinzip einer Absicherungskultur. Obwohl bessere Optionen für den Erfolg des Unternehmens bekannt und identifiziert sind, werden bewusst Entscheidungen getroffen, die den eigenen Hintern im Falle eines Scheiterns retten können.

So weit, so gut ... aber auf welcher Grundlage fällen Unternehmer und Führungskräfte ihre Entscheidungen?

Viele Führungskräfte und Unternehmer halten Informationen für die beste Grundlage für richtige Entscheidungen. Das erscheint auf den ersten Blick plausibel. Nur wer umfassend informiert ist, kann entscheiden. Die Sache hat aber einen Haken, über den wir im Zuge der German Angst stolpern. Wann ist denn der Punkt gekommen, die Entscheidung zu treffen? Sind dann auch wirklich alle Informationen beieinander? Wird die Entscheidung besser, wenn man sie hinauszögert? Zumeist ist das Warten auf bessere und weitere Daten eine schöne Ausrede, noch immer keine Entscheidung treffen zu können. Damit sind Vertagen, Verschleppen und Ausweichen Türen und Tore geöffnet. Aber: Ist es noch eine Entscheidung, wenn ich aus Informationen nur noch ableite oder berechne? Und ist das mein Job als Führungskraft oder Unternehmer? Sicher nicht, das kann jeder, dabei wird kein Risiko eingegangen, das ist lediglich Logik und Berechnung. Am Beispiel des Wetters lässt es sich sehr plakativ darstellen: Wenn ich mit der Wahl der richtigen Kleidung für das Wetter die Vorhersage als zu unsicher für eine Entscheidung einstufe, muss ich warten, bis das Wetter da ist – dann komme ich zwar zu spät zu meinem Termin, habe aber zumindest für den Moment des Verlassens des Hauses das gute Gefühl, alle Fakten zu kennen und richtig zu „entscheiden". Letztlich ist das aber völlig irrelevant, wenn sich das Wetter dann eine Stunde später wieder ändert – wie im echten Leben.

Eine gute Führungskraft steht zu Unsicherheit und weiß dieses Gefühl zu nutzen.

Jeder kennt das Pareto-Prinzip: Mit 20 % des Einsatzes können 80 % des Ergebnisses erzielt werden. Auf Entscheidungen übertragen bedeutet das ganz einfach: Ich kann mit geringem Einsatz Großes leisten – auch wenn dabei falsche Entscheidungen getroffen werden. Falsche Entscheidungen werden auch getroffen, wenn ich lange warte und glaube, dann den richtigen Zeitpunkt erreicht zu haben – vor allem, weil sich zwischenzeitlich die Bedingungen durch mein Abwarten geändert haben können.

Ich selbst bin eher ein Bauchmensch bei Entscheidungen. Ich schaue mir eine Situation an, beurteile sie und versuche, mir durch einige wenige gezielte Fragen einen Überblick über die Situation und das System drum herum zu beschaffen. Über die Jahre habe ich mir dabei angewöhnt, dass meine Mitarbeitenden und Führungskräfte mit jedem Problem und jeder Bitte um Entscheidung zu mir kommen können – einzige Bedingung: Sie müssen mehrere eigene Lösungsansätze mitbringen. Ich möchte nicht derjenige sein, der für meine Mitarbeitenden denkt.

In einem nächsten Schritt versuche ich dann, die vorgeschlagenen Lösungsansätze hinsichtlich der resultierenden und möglichen Konsequenzen zu durchdenken und Wechselwirkungen mit anderen Bereichen oder Abteilungen zu bewerten, die oft von den Mitarbeitenden nicht oder nicht ausreichend betrachtet werden. Zudem habe ich den Anspruch an mich selbst, mindestens noch einen eigenen Lösungsansatz zu entwickeln und gegen die vorliegenden zu halten.

Je nach Umfang der Entscheidung treffe ich diese dann umgehend oder mit einem oder einigen Tagen Abstand – das ist etwas, was sowohl den finanziellen Rahmen als auch andere, eher „bauchgesteuerte" Faktoren bedingen kann.

Nicht jede Entscheidung, die ich dann treffe, ist die auf Basis der vorliegenden Fakten logische. Ich höre sehr stark auf meinen Bauch – mir sind die betroffenen Menschen meist wichtiger als der direkte finanzielle Erfolg. Auch das soziale Engagement spielt nicht selten eine Rolle dabei. Gerade diese Punkte erschweren in der Folge oft die Kommunikation an die Mitarbeitenden. Es ist wichtig, Mitarbeitenden nicht nur die Entscheidung mitzuteilen, sondern auch die Beweggründe zu erklären. Wenn diese auf meinem Bauchgefühl (und damit nicht selten massiv auf meinen eigenen Werten) basieren, ist die Erklärung nicht immer einfach. Dabei hilft das Vertrauen meiner Mitarbeitenden in mich sehr – sie wissen aus unmittelbarer Erfahrung, dass meine Bauchentscheidungen zumeist richtig sind –, auch wenn sich oft erst später zeigt warum.

Ich gebe an meine Führungskräfte und Mitarbeitenden stetig weiter, was mir enorm wichtig ist: Entscheidungen können immer richtig oder falsch sein. Falsche Entscheidungen sind für mich die viel wichtigeren: Daraus erhalten wir die Chance zu lernen und uns zu verbessern. Aus richtigen Entscheidungen erhalten wir „nur" die Bestätigung und Sicherheit, welche wir natürlich auch brauchen – aber das ist für mich mehr ein Faktor der Motivation.

Vergleichen wir Entscheidungen im Geschäftsalltag doch mit einem Spiel. Ich spiele leidenschaftlich gern mit meinen Kindern. Vor allem Spiele, die eine gesunde Mischung aus Glück und Strategie beinhalten, um erfolgreich zu sein. Mit solchen Spielen trainieren wir intensiv, wie wir mit „Verlieren" umgehen. Verlieren ist kein Versagen. Es ist die Erkenntnis, dass eine Vielzahl oder manchmal nur eine einzelne Entscheidung dazu geführt hat, dass ein anderer besser war. Das kann Glück gewesen sein oder die bessere Strategie bei (logischen) Entscheidungen. Die Reaktion von Kindern beim Spiel ist dabei für mich Sinnbild für den Geschäftsalltag. Manche brauchen lange, um zu entscheiden, welcher Zug nun der richtige ist, um ja keinen Fehler zu machen. Andere ziehen schnell und scheinbar unüberlegt, aus dem Bauch heraus. Das zeigt sich auch beim Spielende: Von „Ich spiel nie wieder mit euch, ich verliere immer" bis zu „Gewonnen! Weil ich vor drei Zügen XY gemacht habe, hatte ich einen Vorteil, den ich zum Gewinn nutzen konnte" ist alles dabei.

Sind wir nun als Unternehmer oder Führungskräfte dazu da, unsere Mitarbeitenden und Führungskräfte gewinnen zu lassen? Oder die Niederlagen unter die Nase zu reiben, damit so was auf keinen Fall noch mal passiert? Oder doch eher: gemeinsam „Spaß" daran zu entwickeln, sich mit jeder Runde weiter zu verbessern, eigene und die Erfolge anderer zu feiern und aus den Fehlern zu lernen und es immer wieder zu versuchen? Wir alle wollen erfolgreich sein, aber sind nicht die Erfolge mit dem anstrengendsten Weg diejenigen, auf die wir besonders stolz sind?

Schaue ich zurück auf mein Berufsleben, habe ich viele falsche Entscheidungen getroffen, an die ich mich sofort und zum Teil schmerzlich erinnere. Entscheidungen, die viel Geld oder Zeit gekostet haben, die Auswirkungen hatten, die ich niemals überblicken konnte, als ich die Entscheidung getroffen habe. So zum Beispiel der Kauf des Unternehmens vor einigen Jahren. Obwohl ich die Gründe für den Kauf zahlenmäßig nicht belegen konnte, waren es mehr rationale Entscheidungen, die sich später als falsch herausgestellt haben, als „aus dem Bauch heraus" getroffene. Aber eins vereint alle falschen Entscheidungen: Ich konnte aus ihnen etwas lernen!

Exkurs: „Wir sind die Summe unserer Entscheidungen" Albert Camus

Mark Zuckerberg wurde in einem Artikel von einer Journalistin gefragt, warum er immer die gleichen langweiligen T-Shirts trage. Seine Antwort: „That's one decision less I have to make." Eine Entscheidung weniger bedeutet, eine Entscheidung frei zu haben für etwas anderes. Das finde ich stark!

Hirnforscher schätzen, dass wir täglich etwa 20.000 Entscheidungen fällen, von denen uns allerdings nur ein Bruchteil bewusst ist. Und wir sind frei in unseren Entscheidungen. Entscheidungsfreiheit ist der konkreteste Ausdruck unserer Individualität, ist sie doch unmittelbar verbunden mit unserem Selbstverständnis als Mensch. Allerdings müssen wir uns darüber im Klaren sein, dass Rationalität nicht das alles beherrschende Prinzip ist.[14]

Die moderne Wissenschaft ist sich einig: Wir sind emotionale Wesen, die hin und wieder eine rationale Entscheidung treffen. Tatsächlich behaupten sogar einige, dass alle unsere Entscheidungen auf emotionaler Basis getroffen werden. Donald Caine – Neurologe und unter anderem bekannt für seine Parkinson-Forschungen – sagt: „Der essenzielle Unterschied zwischen Emotion und Verstand liegt darin, dass Emotionen zum Handeln führen und der Verstand zu Beurteilungen."

Auch Herr Radies hat gute Anregungen: „Es gibt keine richtige Entscheidung. Die Qualität der Entscheidung ergibt sich erst im Nachhinein durch die Konsequenz der Umsetzung. Die Konsequenz der Umsetzung hängt wesentlich von Ihrer Überzeugung ab. […] Die bestimmende Komponente, die letztlich darüber entscheidet, ob die Entscheidung zum Erfolg führt, ist somit die Frage, wie sicher Sie sich dabei fühlen. […] Bei Entscheidungen, die in einem zukunftsoffenen System stattfinden, muss es geradezu das Ziel sein, die Emotionen zu integrieren und zur Grundlage zu machen. […] Unser Unterbewusstsein nimmt viel früher wahr, was richtig für uns ist, als unser Bewusstsein.“ [15]

In ihrem Artikel „Suchen Sie nach der perfekten Entscheidung?“ stellt die Chefredakteurin des Harvard Business managers Antonia Götsch dem Entscheidungsforscher Gerd Gigerenzer folgende Frage:[16]

„Was ist, wenn sich meine Gedanken im Kreis drehen und ich mich nicht entscheiden kann zwischen zwei Varianten?“

„Werfen Sie eine Münze“, antwortete er. „Während sich das Geldstück in der Luft dreht, werden Sie wahrscheinlich spüren, was nicht aufkommen darf. Dann brauchen Sie auch gar nicht mehr hinzuschauen. Sie haben Ihre innere Stimme gehört.“

Tipp 4 Kernkompetenz: Emotionale Intelligenz

„Der intuitive Geist ist ein heiliges Geschenk und der rationale Verstand ein treuer Diener. Wir haben eine Gesellschaft erschaffen, die den Diener ehrt und das Geschenk vergessen hat.“ Albert Einstein

Emotionale Intelligenz ist ein 1990 durch die US-Psychologen John D. Mayer und Peter Salovey eingeführter Begriff und beschreibt die Fähigkeit, eigene und fremde Gefühle wahrzunehmen, zu verstehen und zu beeinflussen. Dabei geht diese Form der Intelligenz weit über die reine Empathie hinaus und umfasst ein breites Spektrum an sozialen Fähigkeiten. Emotional intelligente Mitarbeitende und Führungskräfte zeichnen sich unter anderem durch folgende Fähigkeiten aus:[17]

- Sie gestalten proaktiv und bewusst ihren Arbeitsalltag, anstatt sich von äußeren Umständen beeinflussen zu lassen.
- Sie können ihre eigenen Emotionen erkennen und diese kontrollieren.
- Sie sind charismatisch und können andere für ihre Ziele und Vorhaben begeistern.
- Sie werden von Teammitgliedern respektiert und genießen das Vertrauen ihrer Mitmenschen.

- Sie sind in der Lage, ihre Bedürfnisse klar zu kommunizieren und präventiv gegen Stress vorzugehen.
- Sie trauen sich, ihre Meinung kundzutun und zu dieser zu stehen.
- Sie können konstruktiv auf Konflikte reagieren.
- Sie haben die Kompetenz, Entscheidungen zu treffen, die auf den eigenen Gefühlen basieren.

Kurz gesagt: Mit einer guten emotionalen Intelligenz unter Führungskräften und Mitarbeitern können Unternehmen ihre Produktivität und Effizienz steigern und erreichen ein höheres Maß an Zufriedenheit unter den Mitarbeitern.[18]

Zahlreiche Studien haben gezeigt, dass Menschen mit einer starken emotionalen Intelligenz erfolgreicher sind, stabilere Beziehungen haben und eine bessere psychische Gesundheit aufweisen:[19]

- Manager glauben, dass emotionale Intelligenz entscheidend für den Erfolg ist, wenn es darum geht, Teams durch Zeiten des Wandels zu führen (44 %), persönliche Probleme von Mitarbeitern anzusprechen (37 %), Feedback zu geben oder Mitarbeiterbeurteilungen vorzunehmen (31 %) und Talente zu erkennen (25 %).
- 71 % der Arbeitgeber schätzen die emotionale Intelligenz höher ein als den IQ. Sie berichten, dass Mitarbeiter mit hoher emotionaler Intelligenz eher in der Lage sind, unter Druck ruhig zu bleiben, Konflikte effektiv zu lösen und mit Einfühlungsvermögen auf Kollegen zu reagieren.
- 82 % der globalen Unternehmen setzen mittlerweile EQ-Tests für Führungspositionen ein. 72 % dieser Unternehmen führen diese Tests für das mittlere Management durch, nur 59 % der Unternehmen führen sie für Einstiegspositionen durch.
- Unternehmen, die emotionale Intelligenz wertschätzen und in großem Umfang nutzen, sind 3,2-mal effektiver bei der Entwicklung von Führungskräften.
- 64 % der emotional intelligenten Unternehmen haben ein hohes Maß an Eigenverantwortung und Risikotoleranz. Emotional intelligente

Unternehmen berichten auch von starken Kundenerfahrungen, Kundentreue und Kundenbefürwortung.

- Eine Studie mit Fortune-500-CEOs ergab, dass 75 % des langfristigen beruflichen Erfolgs von menschlichen Fähigkeiten abhängt und nur 25 % von technischen Kenntnissen.
- Mitarbeiter, die eine Führungskraft mit hoher emotionaler Intelligenz haben, kündigen viermal seltener als Mitarbeiter, die eine Führungskraft mit geringer emotionaler Intelligenz haben.
- 80 % der Beschäftigten halten emotionale Intelligenz für entscheidend für ihre berufliche Entwicklung.
- Das Chartered Governance Institute UK & Ireland berichtet, dass emotionale Intelligenz zu fast 90 % dazu beiträgt, dass sich leistungsstarke Führungskräfte von denen mit ähnlichen technischen Fähigkeiten und Kenntnissen unterscheiden.
- Mitarbeiter, die glauben, dass ihre Führungskräfte sie mit Respekt behandeln, sind zu 55 % engagierter, zu 63 % zufriedener und zu 58 % konzentrierter bei ihrer Arbeit.
- Es wird erwartet, dass die Nachfrage nach emotionaler Intelligenz in allen Branchen bis 2030 in den USA um 26 % und in Europa um 22 % steigen wird. Der Markt wird durch das wachsende Bewusstsein der Unternehmen für die Vorteile der emotionalen Intelligenz angetrieben.
- Emotionale Intelligenz gilt heute als Kernkompetenz und ist eine der zehn wichtigsten Fähigkeiten für die Arbeitskräfte der Zukunft.
- 36 % der Führungskräfte sind der Meinung, dass emotionale Intelligenz in einigen Jahren zu einer unverzichtbaren Fähigkeit werden wird.
- 95 % der befragten Personalverantwortlichen und 99 % der Beschäftigten sind der Meinung, dass emotionale Intelligenz ein Muss für jeden Mitarbeiter ist.

Ich denke, diese Zahlen sagen alles. Machen Sie emotionale Intelligenz zu Ihrer Kompetenz und ziehen Sie Ihre Mitarbeitenden mit. Nur so kann German Mut multipliziert werden.

Ihre Aufgabe für morgen:

Überlegen Sie doch einmal, welche „falschen" Entscheidungen Sie im Laufe der Jahre getroffen haben – ob Sie diese bereuen oder nicht, ist nicht die Frage, sondern: Was haben Sie daraus gelernt und wie hat das folgende Entscheidungen beeinflusst? Gibt es Entscheidungen, die noch ausstehen, die Sie vor sich herschieben? Gehen Sie diese an. Und zur Not werfen Sie eine Münze, denn: Eine nicht getroffene Entscheidung ist in jedem Fall falsch.

Falsche Fehlerkultur ade – Fehler gehören zum Leben dazu

Als Kind habe ich etwas sehr Prägendes erlebt. Diese Erfahrung bemühe ich mich sowohl in die Kindererziehung als auch in den Berufsalltag zu integrieren.

Ich war vielleicht zehn Jahre alt, meine Eltern waren für mehrere Stunden weg und ich durfte allein zu Hause bleiben – kein Problem, meine Großeltern waren ja mit im Haus. Solange ich zurückdenken kann, waren wir zu Hause immer am Renovieren, Ausbauen und Neu-Bauen. Damit bin ich groß geworden und habe meinem Vater immer und gern geholfen. Wir haben nahezu alles selbst gemacht: Elektrik, Wasser, Fliesen, Decke, Wände, Holzbau. Für das neue Projekt „Wohnzimmer" hatten sich meine Eltern diesmal teure Nut- und Feder-Bretter bestellt, damit eine schöne Vertäfelung gebaut werden konnte. Soweit ich mich erinnern konnte, war es das erste Mal, dass nicht die einfache „Standardvariante" gekauft wurde, sondern etwas Besonderes.

Wir besaßen einen Garten, in welchem mein Onkel über dem Sandkasten eine Art „Jäger-Hochsitz" gebaut hatte, ein Spielhaus auf Stelzen für uns Kinder. Mein Vater und ich hatten noch ein Dach montiert. Ich habe diesen Hochsitz geliebt – er stand direkt am Pflaumenbaum, aus dem Fenster konnte man in den Baum klettern und auf dem Dach oder noch höher im Baum gab es sehr gemütliche Plätze.

Die Abwesenheit meiner Eltern an besagtem Tag nutzte ich, um den Innenausbau meines Hochsitzes voranzutreiben: Also maß ich die notwendige Länge der Bretter aus, sägte sie zurecht und verschraubte sie schlussendlich. Da ich die Kreissäge nicht benutzen durfte, musste ich alles mit der Hand sägen - was eine Plackerei. Doch das Ergebnis ließ sich durchaus sehen, an den Kanten nicht ganz gerade, aber eine ganze Wand schaffte ich. Welches Material ich dazu verwendete, können Sie sich sicher denken …

Als meine Eltern zurückkamen und ich ihnen voller Stolz das Ergebnis meiner Arbeit zeigte, gab es kein böses Wort wegen des teuren Holzes, keine Schimpfe und kein Theater. Auch wenn das Holz für die geplanten Arbeiten nicht mehr reichte und der Spediteur noch mal kommen musste – meine Eltern haben mir gegenüber nur Freude und Begeisterung gezeigt, aber auch erklärt, warum die Wahl des Baumaterials nicht optimal war. Sie erzählten mir erst Jahre später, wie sehr sie das mitgenommen hatte. Aber sie setzten berechtigt in der Situation voraus, dass ich nichts mit böser Absicht getan hatte, sondern ganz im Gegenteil in bester Absicht – radikale Akzeptanz der Situation –, und hatten sich dann entsprechend verhalten.

Auch als ich mit einem Porenbetonsteinstück „Papa“ in die Seite seines Autos kratzte, hätte mein Vater toben und wüten können. Ich nehme an, er musste die Zähne sehr zusammenbeißen, aber er hat mich in den Arm genommen und war stolz, dass ich das Wort schon schreiben konnte (ich kann leider nicht genau rekonstruieren, wie alt ich war, vermutlich eher vier). Und wieder erklärte er mir, warum das keine gute Idee war.

Wie hätte man in solchen Situationen auch reagieren können? Wie reagiere ich in solchen Situationen? Ich schaffe es leider nicht immer, die Nerven zu behalten und das Prinzip der radikalen Akzeptanz anzuwenden, das Gute bzw. die gute Absicht zu sehen. Eine Geschichte werde ich nie vergessen:

Vor mehr als 15 Jahren hatte unsere Auszubildende im IT-Umfeld die Aufgabe, bei der Inventur zu helfen. Neben kistenweise Kabeln musste auch der Lagerbestand des zu dieser Zeit noch sündhaft teuren Kat 7 Duplex Verlegekabels (also zwei Netzwerkkabel aneinander) erfasst werden. Das Kabel wird in einer Länge von z. B. 1.000 Meter auf einer Holztrommel geliefert und transportiert und beim Verlegen auf der Baustelle mit einer Rolle abgespult, damit es möglichst nicht geknickt wird. Das würde das Kabel beschädigen, was man aber ungünstigerweise erst dann feststellt, wenn das Kabel bereits in der Wand verlegt ist und man es nicht mehr austauschen kann. Das Kabel ist recht fest und störrisch. Ein vorsichtiger Umgang ist hier also ratsam. Dazu muss man wissen, dass auf dem Kabel im Abstand von einem Meter eine laufende Meterangabe gedruckt ist – die richtige Länge ist also leicht aus der Differenz des Wertes im Inneren der Spule (dort schaut ein Ende heraus) und dem losen Ende auf der Trommel zu ermitteln.

Während die Auszubildende also fleißig ihrer Arbeit nachging, habe ich nach gut einer Stunde geschaut, wie weit sie ist. Ich öffne die Tür, sehe sie auf dem Boden hocken, vor sich die Kabeltrommel und neben und hinter sich einen anderthalb Meter hohen Berg Kabelsalat und -gewirr. Bevor ich etwas sagen konnte, rief sie voller Begeisterung: „Ich habe gleich alles abgewickelt und kann dir sagen, wie viel noch drauf ist!" Sie war wirklich begeistert, dass sie die schwere Aufgabe in so kurzer Zeit nahezu gelöst hatte.

Wie geht man nun damit um? Für ein junges, kleines Unternehmen stellen knapp 1.000 Meter Kabel mit einem Preis von damals vermutlich mehr als vier Euro pro Meter zumindest mal einen schmerzhaften Verlust dar. Irgendwo zwischen dem Gefühl, laut brüllen und weinen zu müssen, habe ich mich erst einmal dazu entschlossen, die Tür und meinen Mund zu schließen und tief durchzuatmen.

Akzeptieren wir nun die Situation, wie sie ist – radikale Akzeptanz –, und unterstellen eine gute Absicht, haben wir eine gute Basis für eine echte Weiterentwicklung. Alle Methoden zur Fehleranalyse basieren auf dieser Grundlage der Akzeptanz. Erst dann kann eine echte Fehlerkultur entstehen, bei der man den tatsächlichen Fehlern auf den Grund geht.

Exkurs: Radikale Akzeptanz

Radikale Akzeptanz kann als die Fähigkeit definiert werden, Situationen zu akzeptieren, die sich Ihrer Kontrolle entziehen, ohne sie zu bewerten, was wiederum das durch sie verursachte Leiden verringert. Manche Dinge, für die man nichts kann, geschehen einfach. Der Dalai Lama rät:

„Akzeptiere es. Es ist nicht Resignation, doch nichts lässt Dich so viel Energie verlieren, wie die Diskussionen und der Kampf gegen eine Situation, die Du nicht ändern kannst." [20]

Haben Sie schon den Krimi „ACHTSAM MORDEN“ gelesen? Joschka Breitner – fiktionaler Therapeut – gibt seinem Patienten Björn Diemel folgenden Achtsamkeitstipp mit auf den Weg:[21] „Natürlich können Sie am Gras ziehen, damit es schneller wächst. Sie können aber auch Ihren Kopf auf das Gras legen, während es wächst. Nichts davon wird das Wachstum des Grases beeinflussen. Aber nur bei einer der Alternativen sind Sie ausgeruht, wenn es darum geht, das Gras später zu mähen.“

Es ist eine schwierige Übung – keine Frage. Radikale Akzeptanz ist kein Selbstläufer, sondern erfordert Flexibilität im Denken und Handeln und viel Selbstreflexion. Ingolf Op den Berg – Coach und Sparringspartner – beschreibt in seinen Seminarunterlagen „Radikale Akzeptanz“ wie folgt:

„Radikale Akzeptanz wird am häufigsten in Situationen angewandt, in denen du nicht in der Lage bist, das Geschehene zu reparieren oder zu ändern. Sie bedeutet, dass du die Bereitschaft zum Loslassen kultivierst, und hilft dir bei der Verarbeitung schwieriger Situationen, die Ärger, Stress und/oder Ängste in dir auslösen.

Radikale Akzeptanz bedeutet nicht, dass du mit dem, was passiert oder was dir widerfahren ist, einverstanden bist. Vielmehr signalisiert sie eine Chance auf Hoffnung, weil du die Dinge akzeptierst, wie sie sind, und nicht gegen die Realität ankämpfst und so deine wertvolle Energie weiter hineinsteckst.

Manche Menschen denken, dass Vergebung und radikale Akzeptanz dasselbe sind. In Wirklichkeit sind sie sehr unterschiedlich. Bei der Vergebung geht es darum, der anderen Person etwas Gutes zu tun, bei der radikalen Akzeptanz geht es darum, sich selbst etwas Gutes zu tun und seine innere Haltung zum Erlebten zu verändern.

Radikale Akzeptanz bedeutet, dass man sich von emotionalen Reaktionen und Hilflosigkeit abwendet und zu ruhigem und logischem Denken übergeht. Auch wenn du die Tatsachen einer Situation nicht ändern kannst, kannst du wählen, wie du sie betrachtest.“

Meine Einstellung zu Fehlern hat sich vermutlich durch meine Art zu lernen recht früh entwickelt. Ich befasse mich ungern theoretisch mit Themen, lese mir ungern viel „unnützes“ Wissen an, um dann einen Bruchteil davon zu verwenden. Mir fällt es viel leichter, vorhandenes Wissen zu transformieren. Mit dem, was ich schon kenne, und einer Portion Mut und Entdeckergeist gehe ich neue Dinge an. Dabei passieren Fehler, aus denen ich dann wieder lernen kann – wundervoll.

Ich versuche meinen Mitarbeitenden und Führungskräften genau das vorzuleben: mutige Entscheidungen zu treffen und Fehler zu machen – und daraus zu lernen. Das erweist sich aber als sehr schwierig. Je länger Menschen in Unternehmen gearbeitet haben, in denen die Fehlerkultur rein auf das Suchen eines Schuldigen ausgerichtet ist, desto herausfordernder ist dieser Lernprozess.

Was mir sehr geholfen hat, war eine andere Herangehensweise. Statt Mitarbeitende mit dem Problem zu konfrontieren und zu erörtern, warum der Fehler entstanden ist, nehme ich mein Gegenüber an meine Seite und wir schauen gemeinsam auf das Problem. Wir stehen uns nun nicht mehr, sondern gemeinsam dem Problem/Fehler gegenüber. Dann stellen wir uns vor, dass der Fehler nicht passiert ist. Statt in Rechtfertigung zu verfallen, versuchen wir, gemeinsam herauszufinden, was dazu geführt hat, dass wir das Ziel erreicht haben – was die ausschlaggebenden Faktoren waren, die zum Erfolg geführt haben.

Diese Art von Gesprächsführung und verändertem Blickwinkel führt zu einem anderen Engagement aller Beteiligten bei der Findung von Lösungen – und wir denken wieder in Erreichungszielen statt in (Fehler-)Vermeidungszielen.

Es ist schlicht und ergreifend eine Frage der Einstellung. „Jeder Mist, jede Katastrophe ist für irgendetwas gut – man weiß nur oft erst mal nicht, wofür und wann“, ist einer meiner häufigsten Aussprüche und vermutlich ein Satz, den meine Kollegen schon nicht mehr hören können.

Aber nur die eigene Einstellung einer Führungskraft oder eines Unternehmers lässt es zu, dass eine gute Fehlerkultur entstehen kann. Es geht nur von oben nach unten. Ich kann im Umgang mit meinen Führungskräften nicht vernünftig mit Fehlern umgehen, wenn ich es für mich selbst nicht kann.

Vor einigen Monaten hatten wir das Zertifizierungsaudit für gleich drei Normen auf einmal: ISO 9001 (Qualität), ISO 27001 (Informationssicherheit) und ISO 45001 (Arbeitssicherheit). Etwa 15 Audit-Tage mit zwei Auditoren. In der Pause am ersten Audit-Tag hat mich ein Auditor gefragt, ob ich denn aufgeregt sei, das erste Audit, gleich drei Normen und zwei Auditoren, die das gerade frisch aufgesetzte integrierte Management-System „auseinandernehmen". „Überhaupt nicht!", antwortete ich. „An diesem Management-System haben ausnahmslos alle Mitarbeitenden mehr als ein Jahr gearbeitet – nicht für die Erfüllung der Normen, sondern weil wir beschlossen haben, besser zu werden, und das unser Weg dazu ist. Ich hoffe wirklich, dass Sie uns zeigen, wie wir noch besser werden können – jeder Fehler zählt!" Die Antwort überraschte und verblüffte ihn gleichermaßen, aber es ist genau das, um was es für mich geht. Über die Zertifikate haben wir uns natürlich trotzdem sehr gefreut.

Tipp 5 Kernkompetenz: Werden Sie eine wirkungsvolle Führungskraft – welch Energie für German Mut

Mein Verständnis von Unternehmer und Führungskraft sein: „Ich bin hier, um Verantwortung zu übernehmen und die Ziele und Visionen unseres Unternehmens vorzuleben!"

Vision und Strategie: Eine wirkungsvolle Führungskraft hat eine klare Vision für das Unternehmen und entwickelt eine langfristige Strategie, um diese Vision zu verwirklichen. Sie hat eine ganzheitliche Sicht auf das Unternehmen und versteht die Ziele und Prioritäten.

Kommunikation und Inspiration: Wirkungsvolle Führungskräfte sollten in der Lage sein, ihre Vision und Strategie überzeugend zu kommunizieren und ihre Mitarbeitenden zu inspirieren. Eine offene und transparente Kommunikation fördert das Vertrauen und die Zusammenarbeit im Team.

Motivation und Empowerment: Eine wirkungsvolle Führungskraft motiviert ihre Mitarbeitenden, ihr Bestes zu geben, und ermöglicht es ihnen, ihre Fähigkeiten und Talente voll einzusetzen. Sie schafft eine positive Arbeitsumgebung, in der sich die Mitarbeitenden geschätzt und unterstützt fühlen.

Entscheidungsfindung und Problemlösung: Wirkungsvolle Führungskräfte müssen in der Lage sein, fundierte Entscheidungen zu treffen und Probleme effektiv zu lösen. Sie sammeln Informationen, bewerten verschiedene Optionen und treffen Entscheidungen, die im besten Interesse des Unternehmens und der Mitarbeitenden liegen.

Team- und Beziehungsmanagement: Eine wirkungsvolle Führungskraft baut starke und vertrauensvolle Beziehungen zu ihren Teammitgliedern auf. Sie fördert eine Kultur der Zusammenarbeit, des Respekts und des gegenseitigen Supports. Sie erkennt die Stärken jedes Einzelnen an und ermöglicht es den Mitarbeitenden, ihr volles Potenzial auszuschöpfen.

Kontinuierliche Entwicklung: Wirkungsvolle Führungskräfte sollten ständig danach streben, ihre eigenen Fähigkeiten und ihr Wissen weiterzuentwickeln. Sie suchen nach neuen Lernmöglichkeiten, setzen sich Ziele für ihre persönliche Entwicklung und bleiben auf dem neuesten Stand der Branchentrends und -entwicklungen.

Ethisches Verhalten: Eine wirkungsvolle Führungskraft handelt mit Integrität und ethischem Bewusstsein. Sie verfolgt hohe moralische Standards und setzt sich für ethische Geschäftspraktiken ein. Sie agiert als Vorbild für ihre Mitarbeitenden und fördert eine Kultur der Ethik und des Verantwortungsbewusstseins.

Auf geht's!

Ihre Aufgabe für morgen:

Versuchen Sie es – es gibt den ganzen Tag über genug Möglichkeiten, oft mehr, als wir uns wünschen: Akzeptieren Sie die Situation – radikal – und unterstellen Sie dem „Verursacher“ eine ehrliche und gute Absicht. Und schauen Sie dann, was Gutes bei dem Gespräch und dem gemeinsamen Blick auf das Problem herauskommt.

Generationskonflikte ade – die Vielfalt der Generationen nutzen

Vor einigen Jahren stolperte ich beim Lesen auf Spiegel Online über einen Artikel und blieb ziemlich beeindruckt hängen. Titel: „Er führt Deutschlands ältestes Familienunternehmen – in der 17. Generation“. Es ging um ein Unternehmen, dessen Namen ich vorher noch nicht gehört hatte. Mit einem Feuerschilling im Jahre 1502 an der Feuerstelle in Siegen fing es an. Ein halbes Jahrtausend später hat The Coatinc Company immer noch seinen Hauptfirmensitz im Siegener Land – also quasi direkt vor der Haustür unserer Firma. The Coatinc Company ist ein Unternehmen, das seit mehr als 500 Jahren Arbeitsplätze für die Region stellt und seinen Ursprüngen bis heute treu geblieben ist. Da kann ich nur sagen: Respekt!

Paul Niederstein, nun 17. Oberhaupt des Familienunternehmens, erklärt, wie sie es geschafft haben: „Als Unternehmen und als Familie haben wir ein tiefes Verständnis für unsere Geschichte und den Werkstoff Stahl, der uns seit über 500 Jahren begleitet. Aber auch für unsere bodenständige und auf eine ganz spezielle Weise eigenwillige, raue Region. Hier finden wir all die Werte vor, die uns täglich Orientierung geben und unser Bestehen über so lange Zeit sichern. Zudem bestimmen auch christliche Grundwerte, die sich über die Jahrhunderte bewährt haben, unser Handeln."[22]

Unterschiedliche Generationen leben und arbeiten selten harmonisch miteinander. Ich kenne weit mehr Unternehmen, in denen vor allem die Unternehmensführung mit dem sich anbahnenden Generationswechsel zum Problemfall wurde.

Die Erfahrungen, die ich durch die Konflikte bezüglich des Unternehmens zwischen meinem Großvater bzw. Vater gemacht habe, beschrieb ich bereits in Kapitel 2. Gelöst wurde dieser letztlich durch eine externe Aufforderung: Der Chef des größten Kunden war es, der meinen Großvater vor die Wahl stellte: „Entweder übernimmt Ihr Sohn die Geschäftsführung oder die Aufträge müssen von einem anderen Unternehmen abgearbeitet werden."

Wenn ich mir diese Situation heute vorstelle, läuft es mir kalt den Rücken herunter. Ich bin selbst Unternehmer, habe meine Firma von Grund auf aufgebaut, durch Krisen geführt und zu einer schönen Größe am Markt gebracht, daher kann ich mich gut in die unangenehme Lage meines Großvaters versetzen: „Gib das Ruder ab, das Unternehmen hat mit dir keine Zukunft." Mein Vater hat nie mit zufriedenem Gesichtsausdruck von dieser Zeit gesprochen, ich denke, für ihn war es genauso schlimm wie für meinen Großvater. Kein Sieg über die vorherige Generation, sondern ein gemeinsames Scheitern an der Herausforderung, das Unternehmen gemeinsam in die neue Zeit zu führen – wenngleich nur gescheitert an dem „gemeinsam" –, in die neue Zeit konnte mein Vater es ja erfolgreich führen.

Mein Großvater hat es akzeptiert. Wie er sich dabei gefühlt hat, habe ich nie von ihm erfahren. Er gab die Geschäftsführung ab und war noch viele Jahre jeden Tag im Unternehmen präsent – die Konflikte wurden weniger und das Unternehmen lief mit jedem Jahr noch besser als zuvor.

Mein Vater hat immer mit Achtung von den unternehmerischen Leistungen seines Vaters gesprochen. Er war sich immer sicher, dass er nicht so ein „typischer Unternehmer" war wie sein Vater. Ich sehe das völlig anders: Für mich sind bzw. waren beide großartige Unternehmer – nur eben grundverschieden.

Ich bin erst Mitte 40 und kann bereits jetzt mit jedem Jahr mehr nachvollziehen, wie schwer eine Unternehmensnachfolge sein kann. Mein Vater hat aus seinen eigenen Erfahrungen gelernt und mir bzw. meinen Geschwistern immer offengelassen, was wir einmal machen möchten. Die Nachfolge im Unternehmen zu erzwingen, wäre für ihn niemals in Frage gekommen. Dagegen fiel es mir schwer zu akzeptieren, dass ich meinen eigenen Weg gehen muss. Ich wollte lange in seine Fußstapfen treten. Letztlich habe ich etwas völlig anderes gemacht – Softwareentwicklung und IT sind weit entfernt von Oberflächentechnik. Ich bedaure sehr, dass ich dadurch nie die Chance hatte, mit meinem Vater gemeinsam etwas aufzubauen, andererseits bin ich sehr glücklich, was ich gemeinsam mit meinen Mitarbeitenden geschaffen habe.

Vor allem bei inhabergeführten Unternehmen erlebe ich es oft, dass die ältere Generation nicht loslassen kann und will. „Den Alten werden Sie mal hier heraustragen ...", wie oft habe ich das in mittelständischen Unternehmen gehört und nicht selten ist es dann (fast) auch so gekommen. Der Seniorchef hat bis zu seinem Tod alle Fäden in der Hand, während meist schon zwei nachrückende Generationen alles dafür getan haben, rechtzeitig das Steuer zu übernehmen. Was jedoch nicht zugelassen wird. Alle Entscheidungen werden vom Chef allein getroffen, nach alter Manier ohne Erklärungen und final. Wenn das Ruder schließlich übernommen werden muss, fehlen jedwede Kenntnisse. Überforderung und Hilflosigkeit machen sich breit, Angst – und die ist dann sofort im gesamten Unternehmen spürbar.

Das genaue Gegenteil habe ich kurz nach Beginn meiner Selbstständigkeit bei einem wirklich bemerkenswerten Familienunternehmen erlebt. Zwei Generationen (Vater, Sohn und Schwiegersohn) führen ein Unternehmen – einen Baumaschinenhandel. Harmonisch. Erfolgreich. Der Senior macht die Buchhaltung und die gesamten Finanzen. Sohn und Schwiegersohn kümmern sich um das Tagesgeschäft. Nach den eigenen Erfahrungen und den vielen durchlebten Konflikten habe ich mich lange mit dem Seniorchef unterhalten und nach deren Erfolgsrezept gefragt. „Wissen Sie, das ist ganz einfach. Wir haben jeder unseren Verantwortungsbereich und vertrauen einander. Ich mache die Finanzen und schaue den beiden auf die Finger. Wenn die mal Luftschlösser bauen wollen, habe ich die Ruhe und bremse, wenn nötig. Ich habe ja schon genug erlebt. Jeder lässt den anderen in seinem Bereich sein Können beweisen. Aber Sie wissen ja, die jungen Leute haben heute andere Vorstellungen und Ideen als wir Alte – da muss ich darauf vertrauen, dass die wissen, was sie tun, und einfach mal machen lassen. Auch wenn mal was nicht klappt, nur so kann man es lernen.“ Das Unternehmen ist in den Jahren immens gewachsen und hat mittlerweile sicher die fünffache Größe als noch vor zehn Jahren.

Für mich ist das Erfolgsrezept einfach, geradezu trivial: Respekt und Akzeptanz. Den anderen sehen wollen und auch sehen. Jede Generation hat ihre Sicht auf die Dinge, ist geprägt von eigenen Erfahrungen und den Folgen ihres Handelns. Jede Sicht hat ihre Daseinsberechtigung. Keine ist falsch.

In meinem Unternehmen waren unterschiedliche Generationen in den ersten Jahren kein Problem. Wir hatten ein recht junges Team – was in der IT-Branche für ein kleines Unternehmen nicht unüblich ist. Nun sind wir jedoch knapp 90 Mitarbeitende und haben eine Altersspanne von 18 bis 75 Jahren. Die ersten Mitarbeitenden sind auf dem Weg in die wohlverdiente Rente – vielleicht bleiben sie uns auch „erhalten“, wie unser ältester Mitarbeiter, der glücklicherweise immer noch viel Spaß an der Arbeit mit uns hat.

Exkurs: Der Wert alter Hasen

www.alte-hasen.de, www.generation-ue.de, www.perspektive50plus.de, www.seniorenportal.de, www.demographie-netzwerk.de, …

Seiten wie diese schießen aus dem Boden wie Pilze im Herbst. Artikel überhäufen sich mit Titeln wie „Unternehmen: Alte Hasen sind wieder gefragt“, „Alte Hasen werden für Firmen immer wichtiger“, „Alte Hasen sind besser als ihr Ruf“, „Gen 50 plus: voll Bock auf Arbeit“, „Demografischer Wandel in Unternehmen: 7 Tipps für Führungskräfte“, „Mentoring – Wie die alten Hasen den jungen Hüpfern das Springen beibringen“. Zu Recht!

Das Statistische Bundesamt schreibt: „Der demografische Wandel ist in Deutschland längst angekommen. Die sinkende Zahl der Menschen im jüngeren Alter und die gleichzeitig steigende Zahl älterer Menschen verschieben den demografischen Rahmen in bisher nicht gekannter Art und Weise. Jede zweite Person in Deutschland ist heute älter als 45 und jede fünfte Person älter als 66 Jahre.“[23]

„Bereits im Jahr 2030 werden mehr Rentner berufstätig sein als junge Menschen unter 20 Jahren. Viele Arbeitgeber sind auf diese Veränderung nicht vorbereitet, sie fokussieren sich auf die Bedürfnisse der jüngeren Mitarbeitenden und sehen nicht das Potenzial, das in ihren älteren Mitarbeitenden schlummert“, so Martina Schmeink – geschäftsführender Vorstand Das Demografie Netzwerk – im BGF-Magazin über Stereotype, die wir hinterfragen, und die Kompetenzen, die wir anerkennen sollten. Sie fordert dazu auf, sich mit einem guten Generationenmanagement auseinanderzusetzen, um sich den Herausforderungen des demografischen Wandels zu stellen.[24]

Lange Rede – kurzer Sinn: Unternehmen kommen vor dem Hintergrund von Fachkräftemangel und demografischem Wandel nicht umhin, sich nicht mehr nur um die jüngeren, sondern ganz besonders um die älteren Mitarbeitenden zu kümmern. Die wollen gar nicht auf das Abstellgleis, auf welches sie gern geschoben werden, so die Aussagen in diversen Artikeln, deren Titel Sie eben gelesen haben.

Als wesentlich sehe ich hier vor allem Wissenstransfer durch Mentoring und Tandembildung. Wie gesagt – ich bin kein Freund davon, dass jeder das Rad neu erfinden muss. Wie toll ist es doch, von einem „alten Hasen“ eingearbeitet zu werden, von seiner

Erfahrung zu lernen. Okay, das erfordert ein Klima, das auf beidseitiger Akzeptanz und gegenseitigem Respekt aufbaut. Besonders heikel ist das Wetter, wenn die Führungskraft jünger als der Mitarbeitende ist. Dieses Klima zu schaffen und zu fördern, ist Ihre Aufgabe. Worauf Sie meiner Erfahrung nach achten sollten:

- Die Anforderungen an junge Führungskräfte sind hoch, beispielsweise wenn Sie sich mit Anfang 30 in die Lage eines Mitarbeitenden Mitte 60 versetzen müssen. Hier ist es Ihre Aufgabe, diese zu sensibilisieren. Zumeist sind Führungskräfte heute schon aus der Generation X oder Y. Ihr Lebensfokus ist ein völlig anderer. Familie und Familienplanung stehen im Vordergrund, die Gedanken der älteren Generation kennen sie nur von ihren Eltern.
- Neun von zehn Führungskräften kennen lediglich die Benennungen der Generationen, aber nicht deren „Eigenschaften". Das ist, als würden Sie Ihren Führungskräften eine Kiste mit Werkzeug geben, welches diese nur dem Namen nach kennen, aber keine der Anwendungsgebiete oder Vor- bzw. Nachteile kennen. Wie soll eine Führungskraft mit diesem „Wissen" beispielsweise eine Maschine reparieren? Da bleibt nur Versuch und Irrtum – und viel Fluchen und Schimpfen. Genauso läuft es auch im Miteinander. Das „Nicht-Wissen" um die Bedürfnisse und Sorgen des Gegenübers führt zu Vorurteilen und Missverständnissen. Nehmen Sie die Tabelle aus Kapitel 2 und lassen Sie Ihre Mitarbeitenden sich gegenseitig kennen- und verstehen lernen.

Tipp 6 Kernkompetenz: Anti-Bias

Ich schrieb bereits in Kapitel 3 über das Thema Toleranz. Sich tolerant gegenüber anderen zu zeigen, ist eine Frage des Mindsets – des positiven Mindsets – und sollte alle Menschen einschließen. „Es sind nicht die Unterschiede als solche, die Probleme und Leid hervorbringen. Es ist das, was Menschen aus den Unterschiedlichkeiten machen." Kennen Sie Louise Derman-Sparks? In den 1980er-Jahren entwickelte sie mit Carol Brunson-Phillips den Anti-Bias als Ansatz für Bildungsgerechtigkeit für den Bereich der Kleinkindpädagogik. In der Praxis wurde der Anti-Bias in verschiedenen Kontexten vielfältig und kontextbezogen weiterentwickelt. Schwerpunkt: weg vom Schubladendenken, Vorurteile über Bord werfen.

Wir alle kennen sie, die Vorurteile. Wir werden schon als Kinder damit vertraut. Sich vor Stereotypen zu schützen, ist kaum möglich. Lassen wir in diesem Buch mal die kinderpädagogische Sicht außer Acht und schauen nur auf die Erwachsenen: „Die junge Generation von heute will einfach nicht arbeiten." „Die Alten sind doch alle verstaubt." „Männer zeigen keine Gefühle." „Frauen sind einfach zu sensibel für den Job." „Informatiker sind doch alles Nerds und kennen außer Nullen und Einsen nichts." Diese Aufzählung ließe sich noch endlos weiterführen.

Anti-Bias setzt wie so vieles bei einem selbst an. Wie gehe ich mit Vorurteilen um? Diskriminiere ich Menschen, nur weil sie „in einer Schublade" stecken? Wie offen bin ich für Neues? Wie tolerant bin ich im Umgang mit anderen? Diese Fragen sind von immenser Bedeutung für jede Führungskraft und deren Mitarbeitenden. Denn: Die Unternehmen werden immer diverser. Nicht nur die unterschiedlichen Generationen, sondern auch unterschiedliche Nationen und damit Kulturen treffen aufeinander. Wer hier keine Toleranz zeigt, kann sich von einem guten WIR-Gefühl und damit einer gemeinsamen Zielerreichung verabschieden.

Ihre Aufgabe für morgen:

Beobachten Sie sich, wenn Sie durch die Reihen Ihrer Mitarbeitenden gehen. Wen haben Sie in eine Schublade gesteckt? Seien Sie aufmerksam, wenn Sie durch den Supermarkt laufen: Stecken Sie gerade jemanden in eine Schublade? Und warum? Und dann „ent-lernen" Sie den Grund für die Stereotypisierung. Sollten Sie Intoleranz in Ihrem Unternehmen spüren: Holen Sie sich einen Anti-Bias-Trainer ins Haus und gehen Sie gemeinsam gegen diese „Schieflage" vor.

Angst vor Veränderung ade – denken Sie positiv

Die Angst vor Veränderungen hängt auf den ersten Blick eng mit der Komfortzone zusammen – beide bedingen einander. Aber die wirkliche Angst vor Veränderungen ist etwas anderes: Sie geht tiefer und betrifft unsere Grundbedürfnisse.

Wenn Veränderungen befürchtet werden oder anstehen, kommen unsere elementaren Ängste hoch: soziale Bindung, Ansehen, Reputation oder noch schlimmer Verlust von Geld oder Wohnung, drohender „Absturz", Insolvenz. Objektiv betrachtet ist diese Angst oft oder sogar meist unbegründet.

Veränderung ist erst einmal nur das Verlassen eines Zustands hin zu einem neuen Zustand. Ob dieser Wechsel von uns aktiv gestaltet bzw. forciert wird oder von außen „erzwungen" wurde, ist dabei erst einmal neutral zu bewerten. Betrachten wir die Evolution der letzten Jahrtausende, ist Veränderung offenbar im Großen und Ganzen positiv zu bewerten, schließlich hat sich der Mensch stetig weiterentwickelt und beherrscht heute weit mehr Fähigkeiten als noch vor 1.000 Jahren.

„Ich kann freilich nicht sagen, ob es besser wird, wenn es anders wird; aber so viel kann ich sagen: Es muss anders werden, wenn es gut werden soll." Dieses Zitat stammt von Georg Christoph Lichtenberg und beschreibt das Wesen und Ziel von Veränderung sehr gut. Wir verändern uns nicht aus Spaß an der Freude, schon gar nicht, wenn wir proaktiv einen Wandel erzeugen möchten. Unser Ziel ist nämlich Fortschritt! Jede Veränderung sollte Fortschritt zum Ziel haben. Einen neuen, besseren Zustand, sozusagen als Belohnung für Aufwand, Unsicherheit und mögliche Opfer.

Der Grund, warum unser Gehirn und damit auch wir selbst Veränderung nicht mögen, war bereits Thema. Unser Gehirn mag Routine, es kann somit möglichst energiesparend auf Autopilot laufen. Eine Veränderungssituation, sei es nun von innen oder außen, beendet diese Gewohnheit. Man spricht von Inkohärenz, was so viel wie Unstimmigkeit oder Zerfahrenheit bedeutet. Das ist für uns bzw. unser Gehirn sehr anstrengend, deshalb halten wir uns auch meist in unserer Komfortzone auf. ABER: Wir müssen das Gefühl der Inkohärenz während einer Veränderung aushalten, tolerieren können, und zwar so lange, bis sich die Gewohnheit wieder eingestellt hat. Das ist allerdings anstrengend und ohne ein Motiv, verbunden mit Emotionen, fällt uns Veränderung so schwer.

Wie so viele Dinge ist es für Führungskräfte wichtig, Veränderungen als etwas Positives zu begreifen. Erst wenn wir selbst diese Bewertung verändern und uns nicht von Ängsten überwältigen und lähmen lassen, können wir unserer Aufgabe gerecht werden. Sind Sie bereit, Veränderungen als etwas grundlegend Positives zu bewerten? Sind Sie bereit, sich auf die Chancen und Möglichkeiten zu konzentrieren, statt sich an schlechte Argumente und Angst zu klammern? Sie wissen: Sie sind der Dreh- und Angelpunkt. Sie sind das Vorbild. Wenn Sie Veränderung nicht positiv vorleben, werden Ihre Mitarbeitenden es nicht lernen. Beginnen Sie bei sich.

„Ein alter Rabbi auf dem Sterbebett stellte einmal fest: ‚Als ich jung war, wollte ich die Welt verändern. Als ich älter wurde, erkannte ich, dass dieses Ziel zu ehrgeizig war, darum versuchte ich mein Volk zu verändern. Als ich älter wurde, erkannte ich, dass ich auch mein Volk nicht verändern konnte, und fing an, mich auf meine Stadt zu konzentrieren. Doch irgendwann wurde mir bewusst, dass ich nicht einmal das schaffe, und so versuchte ich meine Familie zu verändern. Jetzt als alter Mann weiß ich, dass ich damit hätte anfangen sollen, mich selbst zu verändern. Wenn ich bei mir selbst angefangen hätte, dann hätte ich vielleicht dabei Erfolg gehabt, meine Familie, die Stadt oder sogar mein Volk zu verändern – und wer weiß, vielleicht sogar die ganze Welt.‘“[25]

Exkurs: „Eine Seefahrt, die ist lustig. Eine Seefahrt, die ist schön. Denn da kann man fremde Länder und noch manches andre sehn.“ Was Unternehmer von der Seefahrt lernen können

Meine Familie und ich lieben die raue, stürmische Nordsee und den Norden Deutschlands als Ganzes: Wann immer wir können, fahren wir dorthin und lassen uns den Wind um die Nase wehen. Vielleicht ist das der Grund, weswegen ich auf die Idee dieses Exkurses kam …

Ein Kapitän, die Mannschaft und das Schiff. Drei durchaus beeinflussbare Faktoren. Die Rollen sind klar verteilt. Ein Kapitän ist kein Kuschelpartner, der eine Snoozle-Ecke für die Mannschaft einrichtet, weil es gerade opportun ist. Es gibt klare Regeln, klare Vorgaben und nur einen, der sagt, wo es langgeht. Die Mannschaft akzeptiert die Regeln, kennt einander und weiß, dass es nur gemeinsam funktionieren kann – vor allem, wenn ein

Sturm aufzieht. Dann ist jeder für den anderen da, keiner beruft sich darauf, dass dieses oder jenes aber nicht seine Arbeitsaufgabe ist oder in seiner Stellenbeschreibung steht. Das Schiff wird in Stand gehalten, es käme niemand auf den Gedanken, zum eigenen Vorteil am Schiff zu bohren, es irgendwo zu schwächen oder etwas abzuschrauben, weil er es selbst gut gebrauchen kann.

In der Seefahrt ist vieles unplanbar. Auch wenn wir „Landratten" uns das nicht wirklich vorstellen können – das Meer ist unzähmbar und verzeiht keine Fehler. Dort draußen ist man allein und einem Sturm ausgeliefert. Man kann nicht beeinflussen, welches Wetter kommt – nur, wie man damit umgeht.

Wir durchleben seit Jahren stürmische Zeiten in den Unternehmen. Weder Corona noch die daraus resultierenden Folgen konnten wir beeinflussen oder vorhersehen. Das ist ein Sturm, der uns noch heute beschäftigt. Es war nicht der erste und es wird nicht der letzte sein.

Als Geschäftsführer sind wir Kapitäne und damit dafür verantwortlich, dass unser Unternehmen in Ordnung gehalten wird – gemeinsam mit unserer Mannschaft. Wir dürfen in Zeiten der Krisen nicht das Ruder verlassen und kopflos in Panik verfallen.

Wir sind dafür verantwortlich, dass wir die Mannschaft und ihre Stärken und Schwächen kennen, um sie richtig einzusetzen. Dazu gehört auch, den Menschen zu sehen und nicht nur den Mitarbeitenden. Nur eine Führungskraft kann aus einzelnen Mitarbeitenden ein Team machen, in dem sich jeder auf den anderen verlassen kann.

Dabei kennen wir auch nicht immer den besten und einzig richtigen Weg durch den Sturm. Das zugeben zu können, ist eine weitere, wichtige Eigenschaft guter Führungskräfte. Unbekannte Situationen erfordern Ruhe, Überblick, Erfahrung und Bauchgefühl. Zur notwendigen Ruhe muss man sich manchmal zwingen. Den Überblick zu bekommen und sich mit den wichtigsten Fakten vertraut zu machen, sollte dann nicht schwerfallen.

Was unsere Mannschaft von uns erwartet, ist: klares Denken, klares Handeln, klare Ansagen.

Tipp 7 Kernkompetenz: „Klares Denken, klares Handeln, klare Ansagen“

Transparenz und offene Kommunikation sind für mich die Lösung für jede Krise und den Alltag. Es nimmt die Ängste vor Veränderungen, denen wir uns ohnehin stellen müssen.

Transparenz ist ein wichtiger Schlüssel. Denken Sie immer daran: Sie haben in den meisten Fällen viel mehr Informationen und Hintergrundwissen, sodass Sie die Situation besser bewerten können. Zudem sind Sie in einer deutlich „sichereren“ Position und allein durch Ihre Rolle viel weniger „entbehrlich“ als Ihre Mitarbeitenden.

Menschen vertrauen Menschen. Führungskräfte, die Transparenz, Konsequenz, Verlässlichkeit und Respekt anderen gegenüber leben, verdienen dieses Vertrauen. Was bedeutet Transparenz als Kernkompetenz?

- Klar erkennbare und erlebbare Absichten kommunizieren
- Vorleben konsequenten Handelns, um die Interessen des eigenen Unternehmens und der Mitarbeitenden zu sichern
- Gradlinig und ehrlich zu denken, zu sprechen und zu handeln – und dazu stehen
- Den Menschen als Menschen zu sehen, mit allen Bedürfnissen, seiner Individualität und allen respektvoll gegenüberzutreten

Seien Sie transparent für die Menschen in Ihrem Umfeld!

Ihre Aufgabe für morgen:

„Es gibt nichts Gutes, außer man tut es.“ Erich Kästner fordert jeden Einzelnen auf, ins Handeln zu kommen. Beginnen Sie morgen damit. Anregungen haben Sie hoffentlich reichlich in den vergangenen Kapiteln erhalten!

Kapitel 6 – German Mut „made in Germany“

Unglaublich, das Buch ist jetzt schon fast zu Ende. Zeit für die Raupen, aus ihrem Kokon zu kommen. Rekapitulieren wir, was Sie bereits erfahren haben:

In Kapitel 1 lernten Sie die Ängste der Deutschen kennen, erfuhren, wie es um Teile der deutschen Infrastruktur bestellt ist, lernten die Management-Krankheiten Entscheidungs- und Verantwortungsallergie kennen, bekamen einen Einblick in das Wesen von Angst und dass ihr lähmendes Wesen im Kopf beginnt.

Kapitel 2 widmete sich den selbst auferlegten Korsetts, die als wunderbare Ausreden aus der Tasche gezogen werden, um nicht ins Tun zu kommen. Weitere „Krankheiten“ wie die Aufschieberitis und Macht der Gewohnheit wurden aufgezeigt, das Konfliktpotenzial der unterschiedlichen Generationen wurde besprochen und Bereiche der Lernpsychologie, die Folgen einer schlechten Fehlerkultur mit einem Exkurs zu Kaizen und die hohe Bedeutung von Vertrauen wurden aufgeführt.

Ab Kapitel 3 sind wir den Schritt in die Selbstreflexion gegangen und erhielten diejenigen Bausteine, die wir brauchen, um German Mut im Unternehmertum zu etablieren und zur Normalität werden zu lassen – beginnend bei uns selbst. Sie bekamen Methoden an die Hand, sich selbst kennenzulernen. Wichtige Themen wie Authentizität, Sinn, Dankbarkeit und Growth Mindset rundeten das Kapitel ab.

In Kapitel 4 lernten Sie anhand einiger Beispiele mein Unternehmen und mich kennen und erfuhren, was es für mich bedeutet, Unternehmer und Führungskraft zu sein. Vielleicht konnten Sie das eine oder andere für Ihr Unternehmen oder Ihre Führungsverantwortung als Denkanstoß mitnehmen. Besonders gespannt bin ich auf Ihre Anregungen und würde mich freuen, wenn Sie mir dazu schreiben. Meine Kontaktdaten finden Sie auf der Webseite meines Unternehmens.

Kapitel 5 verschrieb sich ganz der Auflösung der Korsetts in mutiges Unternehmertum und dem Weg hin zu einer mutigen Führungskraft.

Exkurse, Tipps zum Aufbau weiterer Kernkompetenzen und „konkrete Aufgaben für morgen“ vervollständigten den Aufbruch.

Doch das eine oder andere möchte ich Ihnen in diesem Kapitel noch an die Hand geben.

Beginnen wir wieder beim Mindset. Ja, ohne Disziplin geht nichts, wer keine Toleranz zeigen kann, wird nie ein WIR-Gefühl erzeugen können, wer nicht ins Handeln kommt, kann sich sowieso alle Bemühungen sparen. Ein weiterer Aspekt positiven Mindsets ist Optimismus. Aber dazu muss ich erst mal etwas ausholen.

Die breite Mehrheit der Deutschen fordert mehr Mut und möchte optimistischer denken

Im Zuge der Befragungen für das Buch „German Mut statt German Angst“ von Ulrich Reinhardt kam zutage, dass sich die große Mehrheit der Befragten einig ist, dass sich die Herausforderungen der Zukunft nur bewältigen lassen, wenn die Gesellschaft bereit ist, alte Denkmuster zu hinterfragen und sich offen für mutige Veränderung einzusetzen:[1]

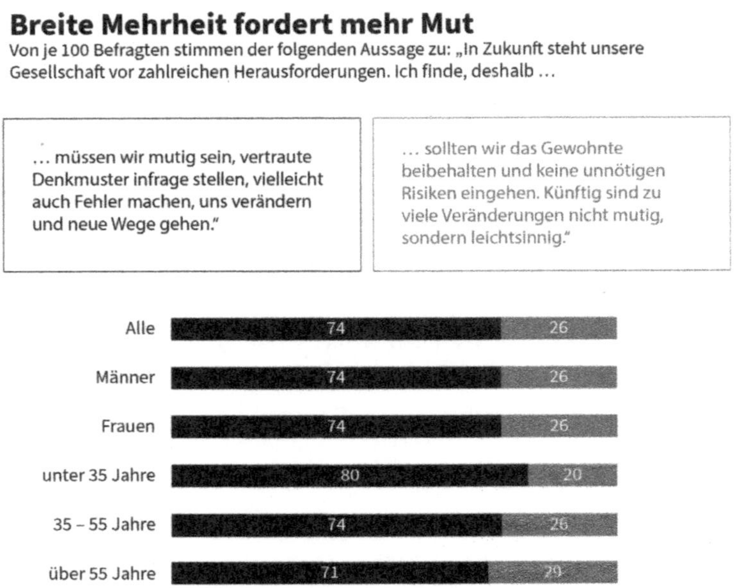

Die hohe Zustimmung der Bundesbürger zur Notwendigkeit von Mut und Zuversicht für die Bewältigung zukünftiger Herausforderungen wird auch bei der Fragestellung zum eigenen Optimismus deutlich. So wollen etwa drei Viertel der Bevölkerung in den kommenden zwölf Monaten optimistischer denken. Optimismus kann hierbei als positive Haltung oder Lebenseinstellung definiert werden, die auf zukünftige Ereignisse ausgerichtet ist.

Optimismus kann verstärkt, gefördert und erlernt werden. Im privaten Bereich kann Optimismus dazu beitragen, die Psyche und emotionale Gesundheit zu stärken und ein Gefühl der Hoffnung und Zuversicht zu entwickeln. Das Positive wird in den Vordergrund gestellt, wohingegen Ablehnung und Hemmnisse an Bedeutung verlieren. Sowohl im Alltag als auch bei außergewöhnlichen Ereignissen oder in Krisensituationen hilft positives Denken, Stress zu reduzieren, Rückschläge zu überwinden und sich auf Möglichkeiten und Chancen zu konzentrieren.[2]

Wenn wir zurückschauen, gibt es guten Grund zur Hoffnung: Jede Krise, die uns heimgesucht hat, konnten wir überwinden. Eine gute Voraussetzung für Optimismus und Mut sollte man meinen und Ansporn für eine mutige Gesellschaft. Oder braucht es eine Art Handbuch dafür? Ich versuche mich in der Erstellung einer Anleitung, aufbauend auf einigen Maßnahmen, die Ulrich Reinhardt in seinem Buch aufzeigt,[3] ergänzt durch solche, die ich darüber hinaus zusätzlich zu allen mutigen Kompetenzen aus Kapitel 5 als wesentlich erachte. Die Themen aus Kapitel 5 sind die Grundvoraussetzung für ein mutiges Management und Unternehmertum. In diesem Kapitel betrachten wir eher Punkte auf einer gesellschaftlichen Metaebene – die jedoch von einem mutigen Leadership und Unternehmertum nicht ganz zu lösen ist.

Ein Fahrplan für mutige Maßnahmen

Erziehung und Bildung

Prof. Dr. Reinhardt beginnt mit „Erziehung und Bildung" – ein Themenkomplex, mit dem man ganze Bücher füllen kann und der nicht direkt mit Führung und Unternehmertum zusammenhängt. Aber tatsächlich: Wenn es darum geht, Maßnahmen aufzuzeigen, wie eine Gesellschaft mutig sein kann, muss dies bei der Erziehung und Bildung ansetzen. Sie erinnern sich an die „Lernpsychologie“, an Karl Valentin, an Anti-Bias, an Toleranz, an Denken in Vermeidung im Hinblick auf die Erziehung?

Schon von Kindesbeinen an können die kleinen Menschen mit den richtigen Vorbildern Selbstbewusstsein, Empathie, kritisches und vorurteilfreies Denken, Mut und Eigenverantwortung lernen. Dies erspart das Ent-Lernen im Erwachsenenalter. Kindergärten und Schulen sollten meiner Auffassung nach Lernschwerpunkte einführen, welche emotionale Intelligenz und Growth Mindset aufbauen und befeuern. Soziale Kompetenz muss Einzug in die Curricula halten. Gepaart mit dem Umdenken der Lehrkräfte in Erreichungszielen statt Vermeidung lernen die Kinder somit schon früh eine positive Form der Motivation.

Ermutigung zu offenem Dialog und Diskussion

Wann haben wir angefangen, die guten alten Debatten auszugrenzen? Auf www.jugend-debattiert.de heißt es: „Gute Debatten sind eine Voraussetzung lebendiger Demokratie und eines gelingenden Zusammenlebens in unserer vielfältigen Gesellschaft. Debattieren heißt: Stellung beziehen, Gründe nennen, Kritik vortragen – gegen- und miteinander. Gute Debattantinnen und Debattanten hören einander zu und streiten fair und sachbezogen.“ Die Möglichkeit und Förderung eines offenen Dialogs kann jedem helfen, seine Ängste und Sorgen mitzuteilen, sie zu überwinden, anderen Perspektiven, Denk- und Verhaltensweisen zu begegnen und eigene Vorurteile zu hinterfragen.[4] Mit unserer Vertrauensperson und zusätzlich meiner „wöchentlichen offenen Tür“ erhält jeder Mitarbeitende die Gelegenheit, sich mit seinen Belangen an uns bzw. mich zu wenden. Jeder wird gehört. Jeder darf in den Dialog treten. Jeder darf seine Meinung vertreten. Wir grenzen uns hier ganz klar von den Unsitten „Nur meine Meinung zählt“ und „Wer was anderes meint, da ist die Tür“ ab. Auch hier: Wehret den Anfängen. Geben Sie Ihren Kindern bereits die Möglichkeit zu debattieren, zu diskutieren. Wo anders können sie es lernen? Gibt es einen geschützteren Raum als die Familie? Ich hoffe NEIN.

Förderung von Solidarität und gesellschaftlichem Engagement

Nicht jeder meiner Mitarbeitenden war begeistert, als ich „unsere Künstler“ in das Team holte und darum bat, sie mit dem gleichen Respekt zu behandeln wie jeden anderen auch. Aber genau das war mir besonders wichtig. Wie, wenn nicht durch gelebtes Vorbild, können andere Menschen Solidarität und gesellschaftliches Engagement erlernen? Und nichts anderes war dies. Die beiden jungen Menschen haben dazugelernt. Meine Mitarbeitenden haben dazugelernt. Statt Bestrafung durch die Justiz lernten „unsere Künstler", dass es auch anders geht. Wie schön, wenn sie sich in Zukunft auch für andere einsetzen und ihnen Möglichkeiten zur persönlichen Entwicklung geben. Jede kleine positive Handlung in Richtung Solidarität und gesellschaftliches Engagement macht die Welt ein bisschen besser und mutiger.

Schaffung von Transparenz

Hierzu eine kleine Geschichte: Während der schwierigen Coronazeit haben wir etliche neue Mitarbeitenden eingestellt – die ich zum Teil erst Monate nach ihrer Einstellung das erste Mal persönlich getroffen habe. Die Mitarbeitenden kamen zum großen Teil aus Unternehmen, die ganz im Würgegriff der Angst vor der neuen Situation waren und das mit allen Konsequenzen an ihre Mitarbeitenden weitergegeben haben. Einer der neuen Kollegen berichtete mir nach einem halben Jahr überglücklich, dass er, seit er bei uns ist, wieder ruhig schlafen kann. Die nervlichen Probleme – verursacht durch Druck und die projizierte Angst, die ihn vorher belastet hatten – gab es nicht mehr.

Trotz Homeoffice-Pflicht, trotz Corona, trotz der vielen schlechten Nachrichten hatten wir es geschafft, einen Menschen glücklich zu machen. Einfach dadurch, wie wir WIR-Gefühl leben, wir Transparenz leben, Respekt und ein Miteinander.

Führungsrolle „Mutiges Vorbild"

„Eine entschlossene zuversichtliche und inspirierende Führung kann dazu beitragen, dass eine Gesellschaft mutig handelt. Erforderlich hierfür sind eine offene Kommunikation, authentisches Auftreten und klare Formulierung von Überzeugung, Vision und Zielen, die sowohl motivieren als auch nachvollzogen werden können."[5]

Ulrich Reinhardt bringt es auf den Punkt. Als Unternehmer und Führungskräfte haben wir eine Verantwortung und eine enorme Reichweite: Unsere Mitarbeitenden suchen in uns nach Vorbildern. Wir haben eine gute Chance, durch mutiges Verhalten für viele mutige Mitarbeitende zu sorgen! Wir haben einen signifikanten „Hebel“, um Veränderungen zu bewirken. Wir müssen uns aber dieser Funktion bewusst werden und sein. Schaffen wir es, unser Mindset zu ändern und statt aus der Angst heraus offen und mutig zu agieren, werden wir damit einen signifikanten positiven Einfluss auf unser Umfeld haben.

Dabei müssen wir authentisch sein und bleiben. Aus eigener Erfahrung weiß ich, wie viele Menschen in ihrem Beruf eine gut einstudierte Rolle spielen. Sie spielen das vor, was sie glauben, sein zu müssen, was andere von ihnen erwarten. Die Wirklichkeit sieht ganz anders aus. Ihre Mitarbeitenden erwarten kein Schauspiel, sie wollen eine authentische und erlebbare Führungskraft – einen Menschen mit Ecken und Kanten und Fehlern –, so wie sie es selbst sind. Sie erwarten ein mutiges Vorbild – einen Menschen, auf den sie sich verlassen können.

Natürlich verändert sich durch ein einzelnes Umdenken nicht die Welt. Nur weil eine Führungskraft, ein Unternehmer es schafft, sich nicht mehr von der Angst lenken zu lassen, sondern die Angst in Mut zu übertragen, wird es weiter Krisen, Kriege und Konflikte geben. Was sich aber ändern wird, ist der Umgang damit, die Möglichkeiten, die sich aus schwierigen Situationen ergeben, die Potenziale, die wir bislang übersehen haben.

Fehlerkultur wird zur Lernkultur

Eine Kultur, die sich durch Offenheit, Lernorientierung, Verantwortung und Optimismus auszeichnet und Fehler nicht als Versagen sieht, sondern als wichtige Möglichkeit für Wachstum, fördert mutige Menschen. Wer immer „einen auf den Deckel“ bekommt, kann nicht wachsen. Wenn Sie mit einem Hammer auf einen Nagel einschlagen, verschwindet dieser auch irgendwann vollends in der Wand und kann seiner Aufgabe, ein Bild oder Regal zu tragen, nicht nachkommen.

Unvollkommene Menschen, unvollkommene Unternehmen und unvollkommene Prozesse sind Realität, und das ist auch gut so. „Radikale Akzeptanz“ und das Voraussetzen einer positiven Absicht sind die Grundzüge für einen wertschätzenden Umgang mit Fehlern – und damit einer echten Weiterentwicklung der Organisation. Als Führungskraft oder Geschäftsführer kann ich jedoch nicht voraussetzen, dass meine Mitarbeitenden das tun, wenn ich es selbst nicht auch tue. Wir müssen bei uns selbst beginnen und diese Kultur vorleben. Aber Vorsicht: Was wir als Verantwortungsübernahme für Fehler einfordern, bedeutet für einige Mitarbeitende oft ein reines Schuldeingeständnis, da sie es vorher nicht anders gelernt haben. Dann auf eine Übernahme der Verantwortung zu pochen, kommt bei diesen völlig falsch an. Gehört wird: „Der will, dass ich sage, dass ich schuld bin." Wenn wir als Führungskräfte ein „Wie gehen wir damit um" vorleben – ohne laut zu werden –, haben wir eine Chance, eine Lernkultur zu etablieren.

Auch hier, beginnen Sie bereits zu Hause in der Erziehung, Fehler als Chance zu erkennen. Denken Sie dabei an den kleinen Jochen, der sein Baumhaus verschönern wollte und dazu die teuren Bretter der Eltern nutzte. „Radikale Akzeptanz" pur.

Dabei sei noch ein wichtiger Hinweis erlaubt: Wenn Sie etwas in diesem Buch gefunden haben, das Sie für sich selbst wirklich umsetzen möchten, ist das für Sie wie ein Update Ihres eigenen Betriebssystems. Sie kennen Ihre Beweggründe und was Sie ändern möchten – Ihr Umfeld und Ihre Mitarbeitenden jedoch nicht. Schaffen Sie Transparenz und sprechen Sie über Ihren Weg.

Nehmen Sie sich einen Punkt nach dem anderen vor – das erleichtert es Ihnen, die neuen Mechanismen in Ihren Alltag zu integrieren. Nichts ist schlimmer, als zu viele Dinge auf einmal ändern zu wollen und dann nach wenigen Tagen oder Wochen festzustellen, dass es nicht klappt – das kann auch nicht funktionieren. Schritt für Schritt und eins nach dem anderen. Wie Beppo, der Straßenkehrer.

Schaffung eines „über den eigenen Tellerrand hinausreichenden" nachhaltigen Verantwortungsbewusstseins

Wir müssen uns darüber im Klaren sein, dass wir nur diese eine Erde haben. Zu lange wurde rücksichtslos und rein auf Profit ausgerichtet agiert. Wir alle, egal in welcher Rolle, müssen unser Verhalten umstellen und nachhaltiger agieren. Auch hier ist Mut erforderlich – ebenso das Verlassen der Komfortzone. Auch kleine Strecken mit dem Auto erledigen? Die Kinder zur Schule fahren und abholen? Für Freizeitaktivitäten fahren wir alle Kinder aus einem Ort einzeln? Einwegverpackungen, Billigmoden und immer voll im neuesten Trend? Die billigste Wurst und das teuerste Motorenöl?

Es ist höchste Zeit, Verantwortung für uns und unsere Umwelt zu übernehmen. Auch hier sind wir als Geschäftsführer und Führungskräfte Vorbild für unsere Mitarbeitenden – als Eltern Vorbild für unsere Kinder. Ich habe selbst die Diskussionen und Argumentationen gegen Fahrten mit der Bahn geführt – noch schlimmer, ich habe viele der Argumente früher selbst genutzt. Immer zu spät, alles überfüllt, schlecht zu erreichen für uns im ländlichen Raum. Ich musste mich selbst auch mühen, aus meiner Komfortzone zu kommen, bin aber nun ein zufriedener Nutzer der öffentlichen Verkehrsmittel – nicht ausschließlich, aber kontinuierlich. Und ich bewundere die Ruhe und Gelassenheit der Mitarbeitenden der Bahn, die sich mutig den schreienden und zeternden Kunden entgegenstellen und helfen, ohne ein Danke dafür zu erhalten.

Gut ein Drittel unserer Mitarbeitenden hat ein Businessbike. Ich als leidenschaftlicher Radfahrer natürlich auch, welches ich intensiv für die Fahrten zur Arbeit nutze, meinen Jüngsten im Anhänger, der sich auf seine Zeit im Eulennest bzw. heute leider schon in der Kita freut.

Mir ist es wichtig, aktiv daran zu arbeiten, dass unsere Welt auch noch für nachfolgende Generationen besteht – in jedweder Hinsicht –, und hoffe, anderen als Beispiel und Vorbild zu dienen.

Deutschland braucht Botschafter in der Wirtschaft, die als Innovatoren Dinge vorantreiben und durch ihr Verhalten und ihre Andersartigkeit bei anderen Unternehmern und Managern Lust erwecken, ebenfalls in die Veränderung zu gehen. Deutschland braucht Förderer – und sei es nur im eigenen kleinen Umfeld, im eigenen Wirkungsrahmen –, die Veränderung hin zum Besseren schaffen möchten, um unseren Kindern eine Zukunft bieten zu können.

„Alles braucht seine Zeit.

Alles hat seine Zeit.

Jetzt ist es so weit.

Aus der Ferne kann man es ganz deutlich sehen: Millionen von Schmetterlingen formen sich zu einem riesigen Schmetterling, der seine Flügel ausbreitet: farben-froh und kraft-voll. Typisch deutsch!“ [6]

Ihr Jochen Blöcher

Endnoten

Einleitung

1 Bode, Sabine: Kriegsspuren. Die deutsche Krankheit German Angst. Klett-Cotta. 2. Auflage 2016, Klappentext.

2 Fuchs, Jürgen: Das Märchenbuch für Manager, Gute-Nacht-Geschichten für Leitende und Leidende, Frankfurter Allgemeine Buch, 4. Auflage, 2003, S. 222 ff.

Kapitel 1 – Was ist German Angst?

1 https://www.facebook.com/polizei.nrw.mk/photos/a.1747888601947151/4000477133354942/?type=3&locale=de_DE.

2 https://www.ruv.de/newsroom/themenspezial-die-aengste-der-deutschen/langzeitvergleich.

3 https://www.rnd.de/beruf-und-bildung/studie-fast-60-prozent-der-menschen-in-deutschland-haben-angst-im-job-KR4I63HERFLN3CEXLLIE2WFBCY.html.

4 Reinhardt, Ulrich (Hg.), German Mut statt German Angst. 44 Ideen für eine bessere Zukunft. Deutscher Wirtschaftsbuch Verlag. Tegernsee 2023. S. 13.

5 https://www.ruv.de/newsroom/themenspezial-die-aengste-der-deutschen/langzeitvergleich#pid=1.

6 https://de.statista.com/statistik/daten/studie/1284906/umfrage/laenderranking-zur-digitalen-wettbewerbsfaehigkeit-weltweit/.

7 https://de.statista.com/infografik/3553/anteil-von-glasfaseranschluessen-in-ausgewaehlten-laendern/.

8 Kohl, Walter: Welche Zukunft wollen wir? Mein Plädoyer für eine Politik von morgen. Verlag Herder GmbH, Freiburg im Breisgau 2020, S. 22.

9 https://de.statista.com/infografik/16726/orte-in-deutschland-mit-mangelhafter-netzqualitaet/.

10 S. Endnote 8.

11 https://www.reisereporter.de/reisenews/deutsche-bahn-ist-im-europa-vergleich-am-unpuenktlichsten-3FRLA33QE6JC5ITOS6Z3JBC3X5.html.

12 https://www.handelsblatt.com/meinung/gastbeitraege/pruefers-kolumne-endlich-puenktliche-zuege-fuer-unsere-enkel/29041016.html.

13 https://www.manager-magazin.de/politik/deutschland/bahnverkehr-der-deutschlandtakt-kommt-erst-2070-a-ecd91355-4030-4ff2-b79f-e0abada34273.

14 https://www.manager-magazin.de/unternehmen/deutsche-bahn-bahnchef-lutz-verdoppelt-sein-gehalt-trotz-roter-zahlen-im-jahr-2022-a-a80ae111-72fc-4c88-9b2d-dce00147b48b.

[15] https://de.statista.com/statistik/daten/studie/1334221/umfrage/ranking-der-militaermaechte-nach-global-firepower/.

[16] Kohl, Walter: Welche Zukunft wollen wir? Mein Plädoyer für eine Politik von morgen. Verlag Herder GmbH, Freiburg im Breisgau 2020, S. 27.

[17] https://www.welt.de/debatte/kommentare/article237322389/Bundeswehr-Vernachlaessigung-der-Truppe-war-gesellschaftlich-gewollt.html.

[18] https://www.telegraph.co.uk/travel/news/berlin-new-airport-delayed-again/.

[19] https://www.morgenpost.de/flughafen-BER/article117254262/Aldi-verkauft-Reisen-zur-Chaos-Baustelle-des-BER.html.

[20] Reinhardt, Ulrich (Hg.), German Mut statt German Angst. 44 Ideen für eine bessere Zukunft. Deutscher Wirtschaftsbuch Verlag. Tegernsee 2023. S. 81.

[21] Ebd., S. 80.

[22] https://www.nature.com/articles/nn.3961.epdf?sharing_token=0kVFr2dBSXpyGBtEIifDWNRgN0jAjWel9jnR3ZoTv0OAgY-Il-Ok5FLFpditgls2ZzwHG1qr7JkhJ_xrHjDFhOxXHFLab5GJbiJPJYB-ve_X9x7Jkg9wQJ7q_vR51br8_p1rxqb5-VAz2rSLQR5SfbD9h8BTTy-x9ysQJX_J9hC2RmuKlUW_5_w8L30XVFAmWMPW8MlXKDcb_7WvYa-oZdq9LQ%3D%3D&tracking_referrer=gedankenwelt.de.

[23] Peseschkian, Nossrat; Boessmann, Udo: Angst und Depression im Alltag, Fischer Taschenbuchverlag, 8. Auflage März 2015, S. 12.

[24] Bernhardt, Klaus: Panikattacken und andere Angststörungen loswerden, Ariston Verlag Random House GmbH, 3. Auflage 2016, S. 43 ff.

[25] https://www.aphorismen.de/zitat/3879.

[26] Bernhardt, Klaus: Panikattacken und andere Angststörungen loswerden, Ariston Verlag Random House GmbH, 3. Auflage 2016, S. 43 ff.

[27] Ebd, S. 105.

[28] https://beruhmte-zitate.de/zitate/1301071-marcus-aurelius-auf-die-dauer-der-zeit-nimmt-die-seele-die-farbe-d/.

Kapitel 2 – Die German Angst im Top-Management: Welches Korsett darf es heute sein?

[1] https://blog.wiwo.de/management/2023/03/22/gallup-umfrage-2022-fast-jeder-fuenfte-mitarbeiter-hat-innerlich-gekuendigt-mehr-als-jeder-zweite-glaubt-nicht-mehr-an-seine-firma-in-der-zukunft-die-fuehrungskraefte-spielen-eine-immer-ungluecklich/.

[2] https://www.aphorismen.de/zitat/68330.

[3] Reinhardt, Ulrich (Hg.): German Mut statt German Angst, Deutscher Wirtschaftsbuch Verlag, Tegernsee 2023, S. 47.

[4] https://gutezitate.com/zitat/163612.

[5] https://de.statista.com/statistik/daten/studie/952182/umfrage/umfrage-in-deutschland-zu-den-beliebtesten-neujahrsvorsaetzen/.

[6] https://www.mdr.de/wissen/faktencheck/faktencheck-gewohnheitstier-100.html.

[7] Vgl. Duhigg, Charles: Die Macht der Gewohnheit, Piper Verlag GmbH, 9. Auflage, 2022, S. 39 ff.

[8] https://gutezitate.com/zitat/140318.

[9] https://www.destatis.de/DE/Presse/Pressemitteilungen/Zahl-der-Woche/2023/PD23_28_p002.html.

[10] https://www.businessinsider.de/karriere/fuehrungskraefte-vertrauen-ihren-mitarbeitern-im-home-office-immer-noch-nicht-obwohl-die-produktivitaet-zugenommen-hat-a/.

[11] Vgl.: https://www.manager-magazin.de/harvard/strategie/wie-sie-vertrauen-gezielt-wieder-aufbauen-koennen-a-00000000-0002-0001-0000-000172874364?context=issue.

[12] https://www.manager-magazin.de/harvard/print/hm/index-2022-5.html.

[13] https://www.aphorismen.de/zitat/184926.

[14] https://sadhgurujvquotes.com/de/zitat/4866.

[15] https://lexikon.stangl.eu/7819/lernpsychologie.

[16] Nolting, Hans-Peter: Lernfall Aggression, Rowohlt Verlag, 20. Auflage, Juli 2001, S. 109 ff.

[17] Ebd., S. 97.

[18] Ebd., S. 99.

[19] Reinhardt, Ulrich (Hg.): German Mut statt German Angst, Deutscher Wirtschaftsbuch Verlag, Tegernsee 2023, S. 52.

[20] https://www.aphorismen.de/zitat/13984.

[21] Grün, Anselm; Kohl, Walter: Was uns wirklich trägt, Verlag Herder GmbH, Freiburg im Breisgau 2014, S. 218 ff.

[22] https://www.aphorismen.de/zitat/79278.

[23] https://www.aphorismen.de/zitat/108372.

[24] Mindgym – der personal coach für kopf und seele, Piper Verlag GmbH, 2007, S. 81 ff.

[25] Reinhardt, Ulrich (Hg.): German Mut statt German Angst, Deutscher Wirtschaftsbuch Verlag, Tegernsee 2023, S. 16.

[26] Ebd., S. 47.

[27] https://www.ey.com/de_de/news/2023/03/zwei-drittel-der-fuehrungskraefte-sprechen-nicht-ueber-eigene-fehler.

[28] Imai, Masaaki: KAIZEN, Wirtschaftsverlag Langen Müller/Herbig, 9. überarbeitete Auflage, Stand 1993, S. 23.

[29] Ebd., S. 18.

[30] Ebd., S. 19.

[31] https://www.harbinger-consulting.com/blog/generation-y-merkmale/.

[32] https://www.aerzteblatt.de/callback/image.asp?id=55347.

[33] https://studyflix.de/jobs/karriere-tipps/generationen-4838.

[34] https://www.presseportal.de/pm/64022/5376178.

[35] https://www.torbenrick.eu/blog/change-management/change-management-comic-strips/.

Kapitel 3 – Wie viel German Angst trage ich in mir? Selbstreflexion und persönliches Mindset

[1] Vgl. https://de.wikipedia.org/wiki/Authentizit%C3%A4t.

[2] Vgl. Ernst, Heiko: „Ich will endlich Ich sein!", Psychologie heute compact, Heft 48, 2017, S. 16.

[3] Vgl. Auffenberg, Lisa: „Ein Leben, das zu mir passt", Psychologie heute compact, Heft 68, 2022, S. 18.

[4] Vgl. Anm. 67.

[5] Vgl. Ebd., S. 17.

[6] Vgl. Anm. 68.

[7] Schnell, Tatjana: Psychologie des Lebenssinns, Springer Verlag, 2. überarbeitete Auflage, 2020, S. 9 ff.

[8] Vgl. Ernst, Heiko: „Ich will endlich Ich sein!", Psychologie heute compact, Heft 48, 2017, S. 16.

[9] Vgl. Ebd.

[10] Vgl. Auffenberg, Lisa: „Ein Leben, das zu mir passt", Psychologie heute compact, Heft 68, 2022.

[11] https://studyflix.de/jobs/karriere-tipps/selbstreflexion-5745.

[12] Reinhardt, Prof. Dr. Ulrich (Hg.), German Mut statt German Angst. 44 Ideen für eine bessere Zukunft. Deutscher Wirtschaftsbuch Verlag. Tegernsee 2023. S. 16.

[13] Ebd., S. 16 f.

[14] Vgl. Ebd, S. 24.

[15] https://gutezitate.com/zitat/102070.

[16] https://bilder.buecher.de/zusatz/29/29749/29749493_lese_1.pdf.

[17] Vgl. https://studyflix.de/jobs/karriere-tipps/selbstreflexion-5745.

[18] de Mello, Anthony: Wo das Glück zu finden ist, Verlag Herder Freiburg im Breisgau, 8. Auflage, 2000, S. 373.

[19] Vgl. https://karrierebibel.de/dankbarkeit/.

[20] Rieger, Gisela: Sinn-volle Geschichten 1, Ziel-Verlag, 2. Überarbeitete Auflage, 2016, S. 38 ff.

[21] Vgl. https://studyflix.de/jobs/karriere-tipps/mindset-4596.

[22] Vgl. Schulz, Benjamin: Das große Personal Branding Handbuch, Campus Verlag, 1. Auflage 2020, S. 126.

[23] Vgl. https://www.studysmarter.de/magazine/positives-mindset-tipps-aufbauen/.

[24] https://www.aphorismen.de/zitat/64349.

[25] Covey, Stephen R.: Die 7 Wege zur Effektivität, GABAL Verlag, 39. Auflage, 2016, S. 96 ff.

[26] https://de.wikipedia.org/wiki/Rational-Emotive_Verhaltenstherapie.

[27] Studiengemeinschaft Darmstadt (SGD), Studienheft Personal Coach.

[28] Vgl. https://studyflix.de/jobs/karriere-tipps/mindset-4596;Vgl. https://www.studysmarter.de/magazine/positives-mindset-tipps-aufbauen/.

[29] https://gutezitate.com/zitat/124542.

[30] http://www.psychologische-praxis-rostock.de/pages/der-alte-strasenkehrer-beppo/.

[31] https://gutezitate.com/zitat/262460.

[32] https://www.willenskraft.net/.

[33] https://karrierebibel.de/disziplin-selbstdisziplin/.

[34] https://www.businessinsider.de/karriere/arbeitsleben/7-tipps-um-mental-stark-zu-werden-von-einem-navy-seal-trainer-2017-5/.

[35] https://www.aphorismen.de/zitat/159554.

[36] Vgl. https://www.politikundunterricht.de/1_16/toleranzlernen.pdf.

[37] Vgl. https://gesundes-miteinander.de/jeder-kann-lernen-toleranter-zu-werden/.

[38] https://www.leiseimlaut.de/ziele-umsetzen/.

[39] Ebd.

[40] https://zitatezumnachdenken.com/dalai-lama/5695.

[41] https://de.wikipedia.org/wiki/Motivation.

[42] https://bildungsbibel.de/intrinsische-und-extrinsische-motivation-unterschied-und-beispiele.

[43] https://www.rmp.eu/.

[44] Schulz, Benjamin; Gianella, Brunello: Wenn Turnschuhe nichts bringen – der CEO-Code für starke Führungskräfte, Frankfurter Allgemeine Buch, 1. Auflage, 2019, S. 22.

[45] Schulz, Benjamin: Das große PERSONAL BRANDING Handbuch, Campus Verlag, 2019, S. 129 ff.

[46] Gay, Friedbert, Seiwert, Lothar: Das 1x1 der Persönlichkeit, S. 22 ff.

[47] Mindgym – der personal coach für kopf und seele, Piper Verlag GmbH, 2007, S. 96 ff.

[48] Ebd., S. 104 ff.

Kapitel 4 – Werde zur mutigsten Version deines Selbst!

[1] https://gutezitate.com/zitat/198965.

[2] Reinhardt, Ulrich (Hg.): German Mut statt German Angst, Deutscher Wirtschaftsbuch Verlag, Tegernsee 2023, S. 81 ff.

[3] Ebd., S. 63.

[4] Ebd., S. 38.

[5] Ebd.

Kapitel 5 – Welches Management es für eine stabile Zukunft braucht – raus aus den Korsetts!

[1] Rieger, Gisela: Sinn-volle Geschichten 1, Ziel-Verlag, 2. Überarbeitete Auflage, 2016, S. 51.

[2] https://karrierebibel.de/neugier/.

[3] https://gutezitate.com/zitat/209846.

[4] Herzog, Rainer: Lebenskunst Editionen 2002-2011 Nach-Gedacht, WGZ Bank, 2012, S. 112.

[5] https://www.merkur.de/leben/karriere/heimarbeit-branchen-maschmeyer-trigema-chef-homeoffice-lage-unternehmen-deutschland-studien-zr-92557521.html.

[6] Schulz, Benjamin; Gianella, Brunello: Wenn Turnschuhe nichts bringen – der CEO-Code für starke Führungskräfte, Frankfurter Allgemeine Buch, 1. Auflage, 2019, S. 140.

[7] Ebd.

[8] Merath, Stefan: Der Weg zum erfolgreichen Unternehmer, GABAL Verlag GmbH, 16. Auflage, 2018, S. 101 ff.

[9] https://de.statista.com/infografik/15327/sinnlose-arbeit-macht-krank/.

[10] Stahl, Peter: Unternehmensführung in Banken, Akademie Deutscher Genossenschaften e.V., AKAD-Lernheft, 1995, S. 79 ff.

[11] Stahl, Peter: Die Rolle des Controllers bei der Erneuerung des Unternehmens, In: Hinterhuber, Hans H.; Al-Ani, Ayad; Handlbauer, Gernot: Das Neue Strategische Management, Gabler Verlag, 1996, S. 370.

[12] https://www.zeit.de/2021/26/erdrotation-erdumdrehung-dauer-tageslaenge-klimawandel-forschung.

[13] https://www.it-daily.net/it-management/projekt-personal/jede-zweite-fuehrungskraft-findet-entscheidungsprozesse-so-kompliziert-wie-nie-zuvor.

[14] Herzog, Rainer: Lebenskunst Editionen 2002-2011 Nach-Gedacht, WGZ Bank, 2012, S. 229.

[15] Merath, Stefan: Der Weg zum erfolgreichen Unternehmer, GABAL Verlag GmbH, 16. Auflage, 2018, S. 110 ff.

[16] https://www.manager-magazin.de/harvard/fuehrung/geht-das-die-optimale-entscheidung-finden-a-7b6d63e9-387c-4b60-931a-3f7c156991c7.

[17] https://www.humanresourcesmanager.de/leadership/kompetenzen-emotionale-intelligenz-die-erfolgsformel-der-zukunft/.

[18] https://gitnux.org/emotional-intelligence-statistics/.

[19] Ebd.

[20] https://meinpapasagt.de/akzeptiere-es-es-ist-nicht-resignation-doch-nichts-laesst-dich-so-viel/.

[21] Dusse, Karsten: ACHTSAM MORDEN, Heyne Verlag, 18. Auflage, 2019, S. 261.

[22] https://www.coatinc.com/de/unternehmen/portrait/.

[23] https://www.destatis.de/DE/Themen/Querschnitt/Demografischer-Wandel/demografie-mitten-im-wandel.html.

[24] https://www.demographie-netzwerk.de/mediathek/artikel/potenziale-alterer-mitarbeitender-erkennen-und-heben/.

[25] https://thoughts.simoneundjoachim.de/2011/10/15/die-welt-verandern/.

Kapitel 6 – German Mut „made in Germany"

[1] Reinhardt, Ulrich (Hg.), German Mut statt German Angst. 44 Ideen für eine bessere Zukunft. Deutscher Wirtschaftsbuch Verlag. Tegernsee 2023. S. 71.

[2] Ebd., S. 78 ff.

[3] Ebd., S. 82 ff.

[4] Ebd.

[5] Ebd.

[6] Fuchs, Jürgen: Das Märchenbuch für Manager, Gute-Nacht-Geschichten für Leitende und Leidende, Frankfurter Allgemeine Buch, 4. Auflage, 2003, S. 222 ff.

Über den Autor

Jochen Blöcher ist Unternehmer mit Leib und Seele. Schon früh gründete er als Einmannbetrieb sein Unternehmen, das heute – mehr als 20 Jahre später – über 80 Mitarbeitende beschäftigt und Kunden im gesamten DACH-Raum betreut. Jochen Blöcher weiß, welche Parameter dieses Wachstum ermöglichten: Zum einen die Mitarbeitenden, auf die er sich stets verlassen konnte, und zum anderen seine Leidenschaft für Herausforderungen.